全国高等院校土建类应用型规划教材
住房和城乡建设领域关键岗位技术人员培训教材

建筑与市政工程施工组织设计

《住房和城乡建设领域关键岗位
技术人员培训教材》编写委员会　编

主　　编：孟远远　王天琪
副 主 编：吴闻超　李双喜
组编单位：住房和城乡建设部干部学院
　　　　　北京土木建筑学会

中国林业出版社

图书在版编目（CIP）数据

建筑与市政工程施工组织设计/《住房和城乡建设
领域关键岗位技术人员培训教材》编写委员会编. —北
京：中国林业出版社，2018.12
住房和城乡建设领域关键岗位技术人员培训教材
ISBN 978-7-5038-9195-3

Ⅰ. ①建… Ⅱ. ①住… Ⅲ. ①建筑工程－施工组织－
设计－技术培训－教材②市政工程－施工组织－设计－技
术培训－教材 Ⅳ. ①TU71②TU99

中国版本图书馆 CIP 数据核字（2017）第 172500 号

本书编写委员会
主　编：孟远远　王天琪
副主编：吴闻超　李双喜
组编单位：住房和城乡建设部干部学院　北京土木建筑学会

国家林业和草原局生态文明教材及林业高校教材建设项目
策　　划：杨长峰　纪　亮
责任编辑：陈　惠　王思源　吴　卉　樊　菲

出版:中国林业出版社
　　　(100009 北京西城区德内大街刘海胡同 7 号)
网站:http://lycb.forestry.gov.cn/
印刷:固安县京平诚乾印刷有限公司
发行:中国林业出版社
电话:(010)83143610
版次:2018 年 12 月第 1 版
印次:2018 年 12 月第 1 次
开本:1/16
印张:10.25
字数:160 千字
定价:40.00 元

编写指导委员会

组编单位：住房和城乡建设部干部学院　北京土木建筑学会

名誉主任：单德启　骆中钊

主　　任：刘文君

副 主 任：刘增强

委　　员：许　科　陈英杰　项国平　吴　静　李双喜　谢　兵
　　　　　李建华　解振坤　张媛媛　阿布都热依木江·库尔班
　　　　　陈斯亮　梅剑平　朱　琳　陈英杰　王天琪　刘启泓
　　　　　柳献忠　饶　鑫　董君　杨江妮　陈　哲　林　丽
　　　　　周振辉　孟远远　胡英盛　缪同强　张丹莉　陈　年

参编院校：清华大学建筑学院
　　　　　大连理工大学建筑学院
　　　　　山东工艺美术学院建筑与景观设计学院
　　　　　大连艺术学院
　　　　　南京林业大学
　　　　　西南林业大学
　　　　　新疆农业大学
　　　　　合肥工业大学
　　　　　长安大学建筑学院
　　　　　北京农学院
　　　　　西安思源学院建筑工程设计研究院
　　　　　江苏农林职业技术学院
　　　　　江西环境工程职业学院
　　　　　九州职业技术学院
　　　　　上海市城市科技学校
　　　　　南京高等职业技术学校
　　　　　四川建筑职业技术学院
　　　　　内蒙古职业技术学院
　　　　　山西建筑职业技术学院
　　　　　重庆建筑职业技术学院

策　　划：北京和易空间文化有限公司

前　言

　　"全国高等院校土建类应用型规划教材"是依据我国现行的规程规范，结合院校学生实际能力和就业特点，根据教学大纲及培养技术应用型人才的总目标来编写。本教材充分总结教学与实践经验，对基本理论的讲授以应用为目的，教学内容以必需、够用为度，突出实训、实例教学，紧跟时代和行业发展步伐，力求体现高职高专、应用型本科教育注重职业能力培养的特点。同时，本套书是结合最新颁布实施的《建筑工程施工质量验收统一标准》（GB50300—2013）对于建筑工程分部分项划分要求，以及国家、行业现行有效的专业技术标准规定，针对各专业应知识、应会和必须掌握的技术知识内容，按照"技术先进、经济适用、结合实际、系统全面、内容简洁、易学易懂"的原则，组织编制而成。

　　考虑到工程建设技术人员的分散性、流动性以及施工任务繁忙、学习时间少等实际情况，为适应新形势下工程建设领域的技术发展和教育培训的工作特点，一批长期从事建筑专业教育培训的教授、学者和有着丰富的一线施工经验的专业技术人员、专家，根据建筑施工企业最新的技术发展，结合国家及地方对于建筑施工企业和教学需要编制了这套可读性强，技术内容最新，知识系统、全面，适合不同层次、不同岗位技术人员学习，并与其工作需要相结合的教材。

　　本教材根据国家、行业及地方最新的标准、规范要求，结合了建筑工程技术人员和高校教学的实际，紧扣建筑施工新技术、新材料、新工艺、新产品、新标准的发展步伐，对涉及建筑施工的专业知识，进行了科学、合理的划分，由浅入深，重点突出。

　　本教材图文并茂，深入浅出，简繁得当，可作为应用型本科院校、高职高专院校土建类建筑工程、工程造价、建设监理、建筑设计技术等专业教材；也可作为面向建筑与市政工程施工现场关键岗位专业技术人员职业技能培训的教材。

目　录

第一章　概　　述

第一节　基本建设工程项目概述

一、基本建设工程项目的概念、分类和组成

(一)基本建设工程项目的概念

基本建设是指固定资产建设,即投资进行建设、购置和安装固定资产以及与此相联系的其他经济活动。我国关于基本建设的概念,存在着一些不同认识,基本建设工作内容也或多或少发生了一些变化,但基本建设的实质内涵并没有大的改变,其内容如下:

(1)基本建设是形成新的固定资产,或者说,是以扩大生产能力或新增工程效益为主要目的,以建设或购置固定资产为主要内容的经济活动;

(2)基本建设的形式包括新建、改建、扩建、恢复工程及与之相联系的其他经济活动,它不是零星的、少量的固定资产建设,而是具有整体性的、需要一定量投资额以上的固定资产建设。

(二)基本建设项目的分类

现代社会为了适应科学管理的需要,将基本建设项目的进行了多种形式的分类,从不同的角度反映了基本建设项目的地位、作用、性质、投资方向及有关比例关系。

1. 按行业投资用途分类

基本建设项目按行业投资用途分类主要分为三类:生产性基本建设项目,非生产性基本建设项目和按照三次产业划分的建设项目。生产性基本建设项目是指直接用于物质生产或满足物质生产需要的建设项目;非生产性基本建设项目是指用于满足人民物质和文化生活需要的建设项目以及其他非物质生产的建设项目;按照三次产业划分主要是分为第一产业(农业)项目、第二产业(工业、建筑业和地质勘探)项目和第三产业项目。

2. 按建设性质分类

按建设性质分类主要指的是新建、扩建、改建、迁建和恢复项目。新建项目

是指从无到有、"平地起家"的建设项目;扩建项目是指现有企业为扩大原有产品的生产能力或效益和为增加新的品种生产能力而增加的主要生产车间或工程项目、事业和行政单位增建业务用房等;改建项目是指现有企业、事业单位对原有厂房、设备、工艺流程进行技术改造或固定资产更新的项目,有些是为提高综合能力,增建一些附属或辅助车间或非生产性工程,从建筑性质来看都属于基本建设中的改建项目;迁建项目是指原有固定资产,因某种需要,搬迁到另外的地方进行建设的项目;恢复项目是指原有固定资产因自然灾害、战争和人为灾害等原因已全部报废,又投资重新建设的项目。

3. 按建设规模分类

按国家规定的标准,基本建设项目划分为大型、中型和小型三类。按建设项目投资额标准划分,基本建设生产性建设项目中能源、交通、原材料部门投资额在5000万元以上、其他部门和非生产性建设项目投资额在3000万元以上的为大中型基本建设项目,在此限额以下的为小型建设项目。按建设项目生产能力或使用效益标准划分,国家对各行各业都有具体规定。

4. 按投资主体分类

按投资主体分类的基本建设项目主要有:国家投资建设项目、各级地方政府投资的建设项目、企业投资的建设项目、"三资"企业的建设项目和各类投资主体联合投资的建设项目。

5. 按管理体制分类

(1)按隶属关系分类。这类项目有部直属单位的建设项目;地方领导和管理的建设项目;部直供项目,指经国务院有关部门和地方协商后,由国务院有关部门下达基本建设计划并安排解决统配物资的部分地方建设项目。

(2)按工作阶段分类。处于建设不同阶段的基本建设项目有:预备项目(或探讨项目);筹建项目(或前期工作项目);施工项目(包括新开工和续建项目);建成投产项目;收尾项目。

(三)基本建设工程项目的组成

一般情况下,建设项目的名称以建设单位的名称来命名。建设项目按其复杂程度,一般可分为以下几类工程。

1. 单项工程

单项工程是指具有独立的设计文件,能独立组织施工,竣工后可以独立发挥生产能力和效益的工程,又称为工程项目。一个建设项目可以由一个或几个单项工程组成。例如:一所学校中的教学楼、实验楼和办公楼等。单项工程内又包括建筑工程、设备安装工程及设备、工具、仪器等的购置。

市政工程建设的单项工程一般指独立的桥梁工程、隧道工程，这些工程一般包括与已有公路的接线，建成后可以独立发挥交通功能。但一条路线中的桥梁或隧道，在整个路线未修通前，并不能发挥交通功能，也就不能作为一个单项工程。

一个单项工程可以由几个单位工程组成。

2. 单位工程

单位工程是指具有单独设计图纸，可以独立施工，但竣工后一般不能独立发挥生产能力和经济效益的工程。一个单项工程通常都由若干个单位工程组成。例如：一个生产车间，一般由土建工程、管道安装工程、设备安装工程、电气安装工程等单位工程组成；市政工程中同一合同段内的路线、桥涵等。

一个单位工程可以包含若干分部工程。

3. 分部工程

分部工程一般是指按单位工程的部位、构件性质、使用的材料或设备种类等不同而划分的工程。例如：一幢房屋的土建单位工程，按结构或构造部位来划分，可以分为基础、主体、屋面、装修等分部工程；按工种来划分，可分为土石方工程、桩基工程、混凝土工程、砌筑工程、防水工程、抹灰工程等分部工程。

在市政建设工程中，按工程部位划分为路基工程、路面工程、桥涵工程等；按工程结构和施工工艺划分为土石方工程、混凝土工程和砌筑工程等。

一个分部工程包含若干分项工程。

4. 分项工程

分项工程一般是按分部工程的施工方法、使用材料、结构构件的规格等不同因素划分的，用简单的施工过程就能完成的工程。例如：房屋的基础分部工程可以划分为挖土方、混凝土垫层、砌毛石基础和回填土等分项工程。它是概预算定额的基本计量单位，故也称为工程定额子目或工程细目。例如：$10m^3$浆砌块石、$100m^3$沥青混凝土路面等。

一般来说，分项工程只是建筑或安装工程的一种基本构成要素，是为了确定建筑或安装工程费用而划分出来的一种假定产品，以便作为分部工程的组成部分。因此，分项工程的独立存在是没有意义的。

(四)市政工程项目建设内容

市政工程项目建设是指市政工程建设项目从规划立项到竣工验收的整个建设过程中的各项工作。包括市政道路、桥涵、管网工程等固定资产的建筑、购置、安装等活动，以及与其相关的如勘察设计、征用土地等工作。市政工程项目建设内容包括以下几方面。

（1）建筑安装工程

1）建筑工程：路基、路面、桥涵、市政管网等的建设。

2）设备安装工程：高速公路、大型桥梁所需各机械、设备、仪器的安装及测试等工作。

（2）设备、工具、器具的购置。

（3）其他基本建设工作，如勘察、设计、征地、拆迁等。

二、工程建设程序

工程建设程序是指建设项目从筹划建设到建成交付使用必须遵循的工作环节及其先后顺序，这个顺序反映了整个建设过程必须遵循的客观规律。大中型工程建设程序一般包括：立项决策阶段、项目建议书阶段、可行性报告阶段、设计阶段、建设准备阶段、施工实施阶段、竣工验收交付使用阶段和项目后评估阶段，如图1-1所示。

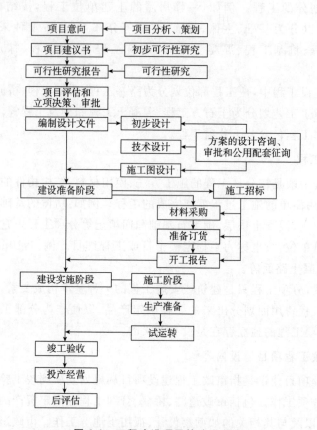

图1-1 工程建设项目的建设程序

三、工程招投标与合同签订

根据《中华人民共和国招标投标法》的规定,国家有关部门联合颁发了《工程建设项目施工招标投标办法》,以规范工程建设项目施工的招标和投标活动,有兴趣的读者请自行阅读和研究。

第二节　施工组织设计的分类及编制原则

一、施工组织设计的概念、作用

1. 施工组织设计的概念

施工组织设计是从工程的全局出发,按照客观的施工规律和当时、当地的具体条件,以施工项目为对象编制的,用于指导施工的技术、经济和管理的综合性文件。它是施工前编制的,用来规划和指导拟建工程从投标、签订施工合同、施工准备到竣工验收全过程的综合性技术经济文件,是对整个施工活动实行科学管理的有力手段。

市政工程施工组织设计,是市政工程基本建设项目在设计、招投标、施工阶段必须提交的技术文件,它是准备、组织、指导施工和编制施工作业计划的基本依据。因此,市政工程施工组织设计是市政工程基本建设管理的主要手段之一。

2. 施工组织设计的作用

(1)施工组织设计具有战略部署和战术安排的双重作用。它体现了实现基本建设计划和设计的要求,提供了各阶段的施工准备工作内容(建立施工条件,集结施工力量,解决施工用水、电、交通道路以及其他生产、生活设施,组织资源供应等);协调着施工中各施工单位、各工种之间、资源与时间之间、各项资源之间、在程序、顺序上和现场部署的合理关系。

(2)对于施工组织纲要,其作用一为投标服务,为工程预算的编制提供依据,向业主提供对要投标项目的整体策划及技术组织工作,为最终目标打下基础;其作用二为施工服务,为工程项目最终能达到预期目标提供可靠的施工保障。

(3)对拟建工程施工全过程进行科学管理。在施工工程的实施过程中,要根据施工组织设计的计划安排,组织现场施工活动,进行各种施工生产要素的落实与管理,进行施工进度、质量、成本、技术与安全的管理等。

(4)使施工人员心中有数,工作处于主动地位。施工组织设计根据工程特点和施工的各种具体条件科学地拟定了施工方案,确定了施工顺序、施工方法和技术组织措施，排定了施工的进度；施工人员可以根据相应的施工方法，在进度计划的控制下，有条不紊地组织施工，保证拟建工程按照合同的要求完成。

二、施工组织设计的分类

(一)按编制对象范围的不同分类

施工组织设计按编制对象范围的不同可分为施工组织总设计、单位工程施工组织设计、分部分项工程施工组织设计三种。

1. 施工组织总设计

施工组织总设计是以整个建设工程项目为对象，由该工程的总承建单位牵头，会同建设、设计及分包单位共同编制。编制施工组织总设计的目的是对整个工程的施工进行全盘考虑，全面规划，用以指导全场性的施工准备和有计划地运用施工力量，开展施工活动。施工组织总设计的主要内容如下：建设项目的工程概况；施工部署及其核心工程的施工方案；全场性施工准备工作计划；施工总进度计划；各项资源需求量计划；全场性施工总平面图设计；主要技术经济指标。

2. 单位工程施工组织设计

单位工程施工组织设计是以一个单位工程为对象编制的施工组织设计。用于直接指导其施工全过程的各项施工活动的技术、经济文件，是指导施工的具体文件，是施工组织总设计的具体化设计，内容详细。一般是在有了施工图设计后，由工程项目部组织编制。由于它是以单位工程为对象编制的，可以在施工方法、人员、材料、机械设备、资金、时间、空间等方面进行科学合理的规划，使施工在一定的时间、空间和资源供应条件下，有组织、有计划、有秩序地进行，实现质量好、工期短、资金省、消耗少、成本低的良好效果。单位工程施工组织设计的主要内容有工程概况、施工部署、施工进度计划、施工准备与资源配置计划、主要施工方案、施工现场平面布置、主要施工管理计划。

若该单位工程属于施工组织总设计中的一个项目，则在编制该单位工程的施工组织设计时，还应考虑施工组织总设计中对该单位工程的约束条件，如工期、施工平面布置、水电管网、运输等。

3. 分部(分项)工程施工组织设计或施工方案

分部(分项)工程施工组织设计或施工方案是以分部(分项)工程或专项工程为对象编制的施工技术与组织方案，用于具体指导其施工过程。通常是针对某些较重要的、技术复杂、施工难度大或采用新工艺、新材料、新技术施工的分部分项工程，如深基础、无黏结预应力混凝土、大型安装、高级装修工程等，是用来直接指导分部(分项)工程施工的技术计划,包括施工方案、进度计划、技术组织措施等,其内容具体详细,可操作性强。一般在单位工程施工组织设计确定施工方案后,由项目部技术负责人编制。

上述三种施工组织设计之间是同一建设项目不同广度与深度和控制与被控制的关系。它们的目标和编制原则是一致的,主要内容是相通的。不同的是编制的对象和范围、编制的依据、参与编制的人员、编制的时间及所起的作用。施工组织总设计是对整个建设项目的全局性战略部署,其范围和内容大而概括,属规划和控制型;单位工程施工组织设计是在施工组织总设计的控制下,考虑企业施工计划编制的,针对单位工程,把施工组织总设计的内容具体化,属实施指导型;分部分项工程施工组织设计是以单位工程施工组织设计和项目部施工计划为依据编制的,针对特殊的分部分项工程,把单位工程施工组织设计进一步详细化,属实施操作型。

(二)按中标前后分类

施工组织设计按中标前后的不同可分为投标前的施工组织设计(简称标前施工组织设计)和中标后的施工组织设计(简称标后施工组织设计)两种。

标前施工组织设计是对项目各目标实现的组织与技术保证,其目的是为了中标。标后施工组织设计是在签订工程承包合同后,依据标前设计、施工合同、企业施工计划,在开工前由中标后成立的项目经理部负责编制详细的中标后的施工组织设计。两者之间有先后次序和单向制约的关系,其区别如表 1-1 所示。

表 1-1　标前、标后施工组织设计的区别

分类	编制时间	编制人	主要特性	主要目的
标前施工组织设计	投标前	经营管理层	规划性	中标和经济效益
标后施工组织设计	中标后开工前	项目管理层	作业性	施工效率和经济效益

另外,对于一些大型项目,往往是随着项目设计的深入而编制不同广度、深度和作用的施工组织设计。对于小型和熟悉的工程项目,施工组织设计的编制内容可以简化。

三、施工组织设计的编制原则及程序

(一)施工组织设计的编制原则

(1)认真贯彻国家对工程建设的各项方针和政策,严格执行工程建设程序。

(2)遵循建设施工工艺及其技术规律,坚持合理的施工程序和施工顺序。

(3)采用流水施工方法、工程网络计划技术和其他现代管理方法,组织有节

奏、均衡和连续地施工。

(4)科学地安排冬期和雨季施工项目,保证全年施工的均衡性和连续性。

(5)认真执行工厂预制和现场预制相结合方针,不断提高施工项目建筑工业化程度。

(6)充分利用现有施工机械设备,扩大机械化施工范围,提高施工项目机械化程度;不断改善劳动条件,提高劳动生产率。

(7)尽量采用先进施工技术,科学地确定施工方案;严格控制工程质量,确保安全施工;努力缩短工期,不断降低工程成本。

(8)尽可能减少施工设施,合理储存建设物资,减少物资运输量;科学地规划施工平面图,减少施工用地。

(9)采取技术和管理措施,推广建筑节能和绿色施工。

(10)与质量、环境和职业健康安全三个管理体系有效结合。

(二)施工组织设计的编制程序

1. 施工组织总设计的编制程序

施工组织总设计的编制程序根据其各项内容的内在联系确定,如图 1-2 所示。

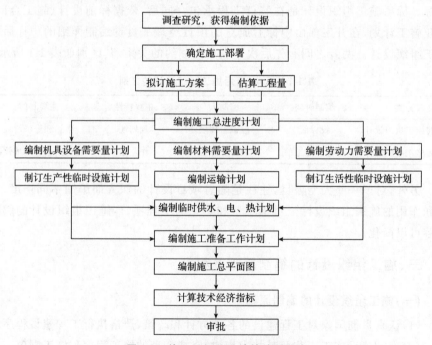

图 1-2　施工组织总设计的编制程序

（1）调查研究，获得编制依据。

（2）确定施工部署，拟订施工方案，估算工程量。这是第一项重点内容，是编制施工总进度计划和施工总平面图的依据。

（3）编制施工总进度计划。这是第二项重点内容，是编制其他各种计划的条件，必须在确定施工部署和拟订施工方案之后进行施工总进度计划。

（4）编制施工总平面图。这是第三项重点内容，只有在编制了施工方案和各种计划后才具备条件。例如：只有编制了生产和生活性临时设施计划之后，才能够确定施工平面图中临时设施的数量和现场布置等。

（5）计算技术经济指标。目的是对所编制的各项内容进行量化展示，它可以评价施工组织总设计的设计水平。

2. 单位工程施工组织设计的编制程序

单位工程施工组织设计是在施工项目经理组织下，会同相关部门和人员，在认真、细致调查的基础上，共同研究和讨论确定的用于指导施工的重要文件。在编制单位工程施工组织设计过程中，尤其要注重各个组成部分之间的先后顺序和互相制约关系。图 1-3 为单位工程施工组织设计的编制程序。

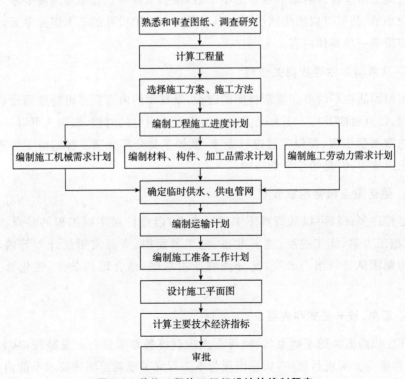

图 1-3 单位工程施工组织设计的编制程序

(三)编制施工组织设计的方法

1. 组建编写团队,明确责任人

一般施工组织设计的编制时间比较紧迫,长则半个月、短则三五天,这就要求团队需共同努力完成。为避免编制人各自为政、重点不突出、前后不能照应等现象,必须指定一名富有经验的负责人进行统筹安排。

2. 明确施工组织设计的编制内容

施工组织设计的内容要根据业主(建设单位)的需求或监理的要求来编制。这些要求在招标文件、招标答疑文件和建设工程合同中有明确的条款。尽管建设项目类型各异、复杂多变,但是施工组织设计的编制内容基本类似,主要包括工程概况、施工方案、施工准备、施工进度、施工平面布置、保证措施等。编制负责人可以按照这些要求,首先定下编写章节目录。

3. 细化章节,编写章节目次

待施工组织设计各章节目录定下来后,根据工程特点和编写深度要求,将章节细化小节、甚至可以细化到小项。小项是施工组织设计的基本组成单元,每个小项应覆盖一项具体内容。

4. 从素材库中寻找相关资料

编制团队在平时要注重素材库的建设,素材库的内容要尽可能细而全,注重多样性,以万材应万变。当在完善施工组织设计内容的时候,编制人可以从素材库中选取类似工程、类似项目进行参考,例如主要分部分项工程的施工工艺、各项保证措施等,但是切忌全盘照抄。

5. 强化重点和特色章节

尽管许多资料可以从资料库中进行参考,但是针对不同工程的特点、施工部署、施工方案、施工进度、施工准备、施工平面图、资源需用量计划等内容则需要编制团队进行潜心研究,充分理解业主意图,结合现场条件,强化重点和特色。

6. 汇总、统一格式和内容

在完成前五步的基础上,编制负责人应就将各章节进行汇总整理,从名称、内容、排版等方面进行统一,切忌出现与本工程无关或者是明确要求不能出现的内容(如废标内容)。

第三节　施工组织设计的审批及其他要求

一、一般要求

1. 施工组织设计应实行动态管理，并符合下列规定

(1)项目施工过程中，发生以下情况之一时，施工组织设计应及时进行修改或补充：

1)工程设计有重大修改；

2)有关法律、法规、规范和标准实施、修订和废止；

3)主要施工方法有重大调整；

4)主要施工资源配置有重大调整；

5)施工环境有重大改变。

(2)经修改或补充的施工组织设计应重新审批后实施；

(3)项目施工前，应进行施工组织设计逐级交底；项目施工过程中，应对施工组织设计的执行情况进行检查、分析并适时调整。

2. 危险性较大的分部(分项)工程

危险性较大的分部(分项)工程施工前应根据施工组织设计单独编制安全专项施工方案，安全专项施工方案编制应包括下列内容：

(1)危险性较大的分部(分项)工程概况、施工平面布置、施工要求和技术保证条件；

(2)规范性文件、标准及图纸、施工组织设计等编制依据；

(3)施工进度计划、建筑材料、施工机具和设备计划；

(4)技术参数、工艺流程、施工方法、检查验收等；

(5)组织保障措施、技术措施、应急预案、监测监控措施等；

(6)专职安全生产管理人员、特种作业人员等劳动力计划；

(7)计算书及相关图纸。

3. 交底与归档

(1)施工前应进行施工组织设计交底。

(2)工程竣工验收后，施工组织设计应归档，并符合《建设工程文件归档整理规范》GB/T 50328、《建设电子文件与电子档案管理规范》CJJ/T 117 的规定。

二、施工组织设计的审批

1. 施工组织设计的审批应符合的规定

(1)施工组织设计可根据需要分阶段审批。

(2)施工组织设计应经总承包单位技术负责人审批并加盖企业公章。

2. 施工方案的审批应符合的规定

(1)施工方案应由项目技术负责人审批,重点、难点分部(分项)工程的施工方案应由总承包单位技术负责人审批。

(2)由专业承包单位施工的分部(分项)工程,施工方案应由专业承包单位的技术负责人审批,并由总承包单位项目技术负责人核准备案。

3. 施工组织设计重点审核的内容

(1)施工总体部署、施工现场平面布置;

(2)施工技术方案;

(3)质量保证措施;

(4)施工进度计划;

(5)安全管理措施;

(6)环境保护措施;

(7)应急措施。

4. 施工组织设计审核应满足的要求

(1)施工总体部署、施工现场平面布置的合理性;

(2)施工技术方案的可实施性;

(3)质量保证措施的可靠性;

(4)资源配置与进度计划的协调性;

(5)安全管理措施与有关工程建设强制性标准的负荷性;

(6)环境保护措施的可实施性;

(7)应急措施的可实施性。

5. 组织编制和审批

通常情况下,宜按表 1-2 和表 1-3 的要求组织编制和审批工作。

表 1-2　各类施工组织设计文件审批程序

施工组织设计文件类别	主持人	参加人	编制人	审核人	审批人
投标施工组织总设计	投标单位技术标负责人	技术标编制人员	相关技术人员	—	投票单位法人代表
施工组织总设计	建设单位或被委托承包单位项目负责人	建设单位、承包单位相关负责人	建设单位或被委托承包单位相关人员	—	建设单位或被委托承包单位技术负责人
施工组织设计	承包单位项目负责人	项目部全体管理人员	项目技术负责人	项目负责人	承包单位技术负责人或其授权人
施工方案	项目专业技术负责人	技术员、主管工长	—	项目技术负责人	

注:1. 重要施工方案应由承包单位技术负责人或其授权人审批。

　　2. 对实施监理的工程应符合《建设工程监理规范》GB/T 50319—2013 的相关规定。

表 1-3 施工组织设计文件审批表

工程名称				
施工单位				
编制单位（章）			编制人	
有关部门会签意见		签字：	年 月 日	
		签字：	年 月 日	
		签字：	年 月 日	
		签字：	年 月 日	
上管部门审核意见	负责人签字：		年 月 日	
审批结论	审批人签字： 年 月 日		审批单位（章）	

注：本表供施工单位内部审批使用，并作为向监理单位报审的依据，由施工单位保存。

三、施工组织设计的执行情况检查

（一）中间检查

单位工程的施工组织设计在实施过程中应进行中间检查。中间检查可按照工程施工阶段进行。通常划分为地基基础、主体结构、装饰装修三个阶段。必要时，施工方案的实施过程也应进行中间检查。

中间检查的次数和检查时间，可根据工程规模大小、技术复杂程度和施工组织设计的实施情况等因素由施工单位自行确定。通常可按表 1-4 组织中间检查。

表 1-4 施工组织设计中间检查

文件名称 \ 项目	主持人	参加人	检查内容	检查结果与处理
施工组织设计	承包单位技术负责人或相关部门负责人	承包单位相关部门负责人，项目经理部各有凑员	施工部署、施工方法的落实和执行情况	如对工期、质量、效益有较大影响应及时调整，并提出修改意见
施工方案	承包单位项目技术负责人	技术员及相关工长	施工方案的落实和执行情况	没落实的工序应及时补做，执行不到位的工序或有偏差的应及时纠正

(二)修改与补充

(1)施工组织纲要。修改与补充按照招标文件的要求和规定进行。

(2)施工组织总设计。当建设项目的规划及各承包单位的施工条件等变动时,建设单位项目负责人应及时组织各承包单位对该文件进行研究和调整,由原编制单位进行补充、修改,并报建设单位备案。

(3)施工组织设计(单位工程)。单位工程施工过程中,当其施工条件、总体施工部署或主要施工方法发生变化时,项目负责人或项目技术负责人应组织相关人员对该文件进行修改和补充,并进行相关交底。

(4)施工方案。当工程施工条件发生变化,原方案不能满足施工要求时,项目技术负责人应及时组织相关人员对原方案相应部分进行修改、补充并做好交底。

(5)各类施工组织设计文件的修改与补充内容应纳入原文件,并履行相关报审程序。

四、施工组织设计与施工方案的区别与联系

施工方案是施工组织设计的核心内容,是工程施工技术指导文件。方案必须按相关规范由相应的主管技术负责人负责组织编制,重大工程施工方案的编制应经过专家论证或方案研讨。施工方案有包含在施工组织设计里和独立编制两种形式。施工组织设计与施工方案的关系是整体与局部、指导与被指导的关系。

施工组织设计和施工方案编制方法的区别有以下几点。

(1)编制目的不同

施工组织设计是一个工程的战略部署,是对工程全局全方面的纲领性文件。要求具有科学性和指导性,突出"组织"二字;施工方案是依据施工组织设计关于某一分部(分项)工程的施工方法而编制的具体的施工工艺,它将对此分部(分项)工程的材料、机具、人员、工艺进行详细的部署,保证质量要求和安全文明施工要求,它应具有可行性、针对性、符合施工规范、标准。

(2)编制内容不同

施工组织设计编制的对象是工程整体,可以是一个建设项目或一个单位工程。它所包含的文件内容广泛,涉及工程施工的各个方面。施工方案编制的对象通常指的是分部(分项)工程。它是指导具体的一个分部(分项)工程施工的实施过程。

(3)侧重点不同

施工组织设计侧重于决策,强调全局规划;施工方案侧重于实施,实施讲究可操作性,强调通俗易懂,便于局部具体的施工指导。

(4)出发点不同

施工组织设计从项目决策层的角度出发,是决策者意志的文件化反映。它

更多反映的是方案确定的原则和如何通过多方案对比确定施工方法。

施工方案从项目管理层的角度出发，是对施工方法的细化，它反映的是如何实施、如何保证质量、如何控制安全的。

五、施工组织设计的排版、装帧

(一)施工组织设计的排版

在确定施工组织设计的版式风格时，首先要符合招标文件和相关规定的要求，否则，也许会被废标。如果没有特殊要求，或者是编制标后施工组织设计，则可参考下述内容来确定其版式风格。

1. 纸张大小

一般用 A4 幅面纸张。页边距建议：左边为 3.17cm，上、下和右边均为 2.5cm。

2. 页眉和页脚

页眉、页脚的设计应该与企业 CI 一致，而且应该体现该章节的内容。当然，页码是必不可少的。最好每章节的页眉内容不同，但风格应该一致。

3. 字体、字号和行距

字体的选择应该富于变化，让人有新鲜感，但对于同一内容的字体应该一致。同时，字体也不宜过多，一般应选择常用的宋体、仿宋体、楷体和黑体。文本字号不能太大，让人觉得空洞，也不能太小，让人看着费劲，一般建议四号字体。行距一般取为 1.5 倍行距，对于一些特殊的文本，如公式，为了求得行距统一美观，可采用固定行距。

4. 章节间的安排

施工组织设计一般分成多个章节，每章(节)的第一页可用相同或者不同的彩页来分开，打上该章(节)名称，这样可以给人一种变化和节奏感。

5. 章节内的层次

一般来讲，篇、章、节题要居中。文章中的各种小标题应该醒目。

(二)施工组织设计的装帧

施工组织设计的装帧，体现一本施工组织设计的整体风格，体现了一个企业的文化传承和审美观点，展示着一个企业的素质。因此，对施工组织设计的装帧必须给予重视。一般应考虑以下的问题。

1. 招标文件或相关规定的要求

与版式风格一样，在确定施工组织设计的装帧时，首先考虑的是要符合招标文件和相关规定的要求,并且一定要满足这些要求,否则,同样可能会成为废标。如果没有特殊要求,或者是编制标后施工组织设计,则可根据下述内容确定其装帧样式。

(1)纸张大小

一般用 A4 幅面纸张。页边距建议:左边为 3.17cm,上、下和右边均为 2.5cm。

(2)页眉和页脚

页眉、页脚的设计应该与企业 CI 一致,而且应该体现该章节的内容。当然,页码是必不可少的。最好每章节的页眉内容不同,但风格应该一致。

(3)字体、字号和行距

字体的选择应该富于变化,让人有新鲜感,但对于同一内容的字体应该一致。同时,字体也不宜过多,一般应选择常用的宋体、仿宋体、楷体和黑体。文本字号不能太大,让人觉得空洞,也不能太小,让人看着费劲,一般建议四号字体。行距一般取为 1.5 倍行距,对于一些特殊的文本,如公式,为了求得行距统一美观,可采用固定行距。

(4)章节间的安排

施工组织设计一般分成多个章节,每章(节)的第一页可用相同或者不同的彩页来分开,打上该章(节)名称,可以给人一种变化和节奏感。

(5)章节内的层次

一般来讲,篇、章、节题要居中。文章中的各种小标题应该醒目。

2. 封面设计

封面设计应该与企业的 CI 系统一致,体现自己企业的文化。对于施工组织设计有特殊要求必须隐去单位的,也可以在封面颜色、格式及图案等方面给予体现。封面的设计既要吸引人的目光,给人以美感,又不能太花哨,让人觉得华而不实。

3. 印刷

若施工组织设计对图片的要求较高,可部分或全部采用彩色印刷,当然成本会高,但效果会很好。对于一般施工组织设计,可以对一些特别的图片,如施工总平面图、网络图等采用彩色印刷以增强效果,而其他则普通印刷。

4. 装订

对于施工组织设计的装订,有两种途径:第一是采用已经定制好的封面夹,对打印好的施工组织设计打孔或穿线与封面夹结合好就行,这种方法简单,成本低,但不是很整齐;另一种方法是直接进装订厂装订,这样出来的施工组织设计装订精美,切边整齐,这会给人良好的印象,在投标中将会占有额外的优势。

第二章　建设工程流水施工与
工程网络计划技术

第一节　建设工程流水施工

一、流水施工的基本概念

(一)组织施工的基本方式

建筑工程施工中常用的组织方式有三种:顺序施工、平行施工和流水施工。下面通过一个简单的举例对这三种施工组织方式进行简单的介绍和比较。

现有三幢同类型建筑的基础工程施工,每一幢的基础工程施工包括开挖基槽、混凝土垫层、砌砖基础、回填土四个施工过程,每个施工过程的工作时间如表2-1 所示。其施工顺序为开挖基槽→混凝土垫层→砌砖基础→回填土。

表 2-1　某基础工程施工时间表

序号	施工过程	工作时间(天)
1	开挖基槽	3
2	混凝土垫层	2
3	砌砖基础	3
4	回填土	2

1. 顺序施工

顺序施工也称依次施工,是将工程对象任务分解成若干个施工过程,按照一定的施工顺序,前一个施工过程完成后,后一个施工过程才开始;或前一个施工段完成后,下一个施工段才开始施工。它是一种最基本的、最原始的施工组织方式。其施工进度表安排如图 2-1 所示。

序号	施工过程	时间(天)	施工进度(天)
			I、II、III 为幢数（进度见图）
1	开挖基槽	3	I（第2~4天）、II（第12~14天）、III（第22~24天）
2	混凝土垫层	2	I（第4~5天）、II（第14~15天）、III（第24~25天）
3	砌砖基础	3	I（第7~9天）、II（第17~19天）、III（第27~29天）
4	回填土	2	I（第9~10天）、II（第19~20天）、III（第29~30天）

图 2-1　顺序施工进度安排

注：I、II、III 为幢数

顺序施工组织方式具有以下特点：

(1)由于没有充分地利用工作面去争取时间,工种间断,所以工期长;

(2)施工专业工作队不能实现专业化施工,不利于改进工人的操作方法和施工机具,不利于提高工程质量和劳动生产率;

(3)施工专业工作队及工人不能连续作业;

(4)单位时间内投入的资源量比较少,有利于资源供应的组织工作;

(5)施工现场的组织、管理比较简单。

依次施工组织方式不能适应大型工程的施工,适用于工作面有限、规模较小的工程。

2. 平行施工

平行施工是指全部工程任务的各施工段同时开工、同时完成的一种施工组织方式。其施工进度安排如图 2-2 所示。

平行施工组织方式具有以下特点：

(1)充分地利用了工作面,争取了时间,可以缩短工期;

(2)施工专业工作队不能实现专业化生产,不利于改进工人的操作方法和施工机具,不利于提高工程质量和劳动生产率,成本增加;

(3)施工专业工作队及其工人不能连续作业;

(4)单位时间投入施工的资源量成倍增长,资源需求集中,现场临时设施也相应增加;

(5)施工现场组织、管理复杂。

平行施工组织方式适用于工期要求紧、大规模的建筑群工程。

序号	施工过程	时间(天)	施工进度(天)									
			1	2	3	4	5	6	7	8	9	10
1	开挖基槽	3		I								
				II								
					III							
2	混凝土垫层	2				I						
						II						
						III						
3	砌砖基础	3						I				
								II				
									III			
4	回填土	2									I	
											II	
												III

图 2-2　平行施工进度安排

注：Ⅰ、Ⅱ、Ⅲ为幢数

3. 流水施工

流水施工就是指所有的施工过程按一定的时间间隔依次投入施工，各个施工过程陆续开工、陆续竣工，使同一施工过程的施工队组保持连续、均衡施工，不同的施工过程尽可能平行搭接施工的组织方式。其施工进度安排如图 2-3 所示。

序号	施工过程	时间(天)	施工进度(天)																
			1	2	3	4	5	6	7	8	9	10	11	12	13	14	15	16	17	18
1	开挖基槽	3		I				II			III									
2	混凝土垫层	2						I			II		III							
3	砌砖基础	3									I			II			III			
4	回填土	2													I		II		III	

图 2-3　流水施工进度安排

注：Ⅰ、Ⅱ、Ⅲ为幢数

流水施工组织方式具有如下特点：

（1）科学地利用了工作面，争取了时间，工期比较合理；

（2）施工专业工作队及其工人实现了专业化施工，可使工人的操作技术熟练，更好地保证工程质量，提高劳动生产率；

（3）施工专业工作队及其工人能够连续作业，使相邻的施工专业工作队之间实现了最大限度的、合理的搭接；

（4）单位时间投入施工的资源量较为均衡，有利于资源供应的组织工作；

（5）为文明施工和进行现场的科学管理创造了有利条件。

目前，流水施工方式是建筑施工中最合理、最科学的一种施工组织方式。

4. 三种施工方式的比较

三种施工方式的特点和适用范围不尽相同，其比较如表 2-2 所示。

表 2-2　三种组织施工方式的比较

方式	工期	资源投入	评价	适用范围
顺序施工	最长	投入强度低	劳动力投入少，资源投入不集中，有利于组织工作。现场管理工作相对简单，可能会产生窝工现象	规模较小，工作面有限的工程适用
平行施工	最短	投入强度最大	资源投入集中，现场组织管理复杂，不能实现专业化生产	工程工期紧迫，有充分的资源保障及工作面允许情况下可采用
流水施工	较短，介于顺序施工与平行施工之间	投入连续均衡	结合了顺序施工与平行施工的优点，作业队伍连续，充分利用工作面，是较理想的组织施工方式	一般项目均可适用

（二）流水施工的经济效果

流水施工在工艺划分、时间排列和空间布置上统筹安排，必然会给项目经理部带来显著的经济效果，具体可归纳为以下几点：

（1）便于改善劳动组织，改进操作方法和施工机具，有利于提高劳动生产率。

（2）专业化的生产可提高工人的技术水平，使工程质量相应的提高。

（3）工人技术水平和劳动生产率的提高，可以减少用工量和施工暂设工程建造量，降低工程成本，提高利润水平。

（4）可以保证施工机械和劳动力得到充分、合理的利用。

（5）由于流水施工的连续性，减少了专业工作的间隔时间，达到了缩短工期的目的，可使拟建工程项目尽早竣工，交付使用，发挥投资效益。

（6）由于工期短、效率高、用人少、资源消耗均衡，可以减少现场管理费和物资消耗，实现合理储存与供应，有利于提高项目经理部的综合经济效益。

（三）流水施工的表示方法

流水施工的表示方法有三种：水平图表、垂直图表和网络图。这里仅简单介绍前两种方法。

1. 水平图表

流水施工水平图表又称横道图，也称甘特图。在水平图表中，横坐标表示流水施工的持续时间；纵坐标表示开展流水施工的施工过程、专业工作队的名称、编号和数目；呈梯形分布的水平线段表示流水施工的开展情况。简单的水平图表形式如图2-3所示。

水平指示图表的优点是，绘图简单，施工过程及其先后顺序清楚，时间和空间状况形象直观，水平线段的长度可以反映流水施工进度，使用方便。在实际工程中，常用水平图表编制施工进度计划。

2. 垂直图表

垂直图表又称斜线图。在垂直图表中，横坐标表示流水施工的持续时间；纵坐标表示开展流水施工所划分的施工段编号，施工段编号自下而上排列；n条斜线段表示各专业工作队或施工过程开展流水施工的情况，如图2-4所示。T为流水施工计划总工期；T_1为最后一个专业工作队或施工过程完成施工段全部施工任务的持续时间；n为专业工作队数或施工过程数；m为施工段数；K为流水步距；t_i为流水节拍；Ⅰ，Ⅱ，Ⅲ，Ⅳ，Ⅴ…为专业工作队或施工过程的编号。

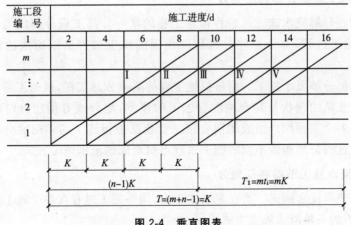

图2-4　垂直图表

垂直图表的优点是,施工过程及其先后顺序清楚,时间和空间状况形象直观,斜向进度线的斜率可以明显表示出各施工过程的施工速度;利用垂直指示图表研究流水施工的基本理论比较方便,但编制实际工程进度计划不如横道图方便,一般不用其表示实际工程的流水施工进度计划。

(四)流水施工的分类

1. 按流水施工组织范围(组织方法)划分

(1)分项工程流水施工。也称为细部流水施工。它是在一个专业工种内部组织起来的流水施工。在项目施工进度计划表上,它是一条标有施工段或工作队编号的水平进度指示线段或斜向进度指示线段。

(2)分部工程流水施工。也称为专业流水施工。它是在一个分部工程内部、各分项工程之间组织起来的流水施工。在项目施工进度计划表上,它由一组标有施工段或工作队编号的水平进度指示线段或斜向进度指示线段来表示。

(3)单位工程流水施工。也称为综合流水施工。它是在一个单位工程内部、各分部工程之间组织起来的流水施工。在项目施工进度计划表上,它是若干组分部工程的进度指示线段,并由此构成一张单位工程施工进度计划。

(4)群体工程流水施工。也称为大流水施工。它是在若干单位工程之间组织起来的流水施工,反映在项目施工进度计划表上,是一张项目施工总进度计划。

(5)分别流水法。指将若干个分别组织的分部工程流水(专业流水或专业大流水),按照施工工艺的顺序和要求最大限度地搭接起来,组成一个单位工程或群体工程的流水施工。在实际工程中,分别流水法是组织单位工程或群体工程流水施工的重要方法。

2. 按施工过程分解程度划分

(1)彻底分解流水施工。指将拟建工程的某一分部工程分解成均由单一工种完成的施工过程,并由这些分解程度相同的施工过程组织而成的流水施工方式。

(2)局部分解流水施工。指将拟建工程的某一分部工程,根据工程的具体情况、施工专业队的现状及其合理配合施工的原则,划分成有彻底分解的施工过程,也有由多个工种配合组成的混合施工专业队进行施工的不彻底分解的施工过程,并由这些分解程度不同的施工过程组织而成的流水施工方式。

3. 按流水施工节奏特征划分

(1)有节奏流水施工。指在流水施工中,同一施工过程在各个施工段上流水节拍均相等的一种流水施工方式。

（2）无节奏流水施工。指在流水施工中，同一施工过程不同的施工段上流水节拍不完全相等的一种流水施工方式。

（五）组织流水施工的条件

1. 划分施工过程

把整幢建筑物建造过程分解成若干个施工过程。每个施工过程由固定的专业工作队负责实施完成。

施工过程划分的目的，是为了对施工对象的建造过程进行分解，以明确具体专业工作，便于根据建造过程组织各专业施工队依次进入工程施工。

2. 划分施工段（区）

把建筑物尽可能地划分成劳动量或工作量大致相等的施工段（区），也可称流水段（区）。施工段（区）的划分目的是为了形成流水作业的空间。每一个段（区）类似于工业产品生产中的产品，它是通过若干专业生产来完成。工程施工与工业产品的生产流水作业的区别在于，工程施工的产品（施工段）是固定的，专业队是流动的；而工业生产的产品是流动的，专业队是固定的。

3. 每个施工过程组织独立的施工班组

在一个流水组中，每个施工过程尽可能组织独立的施工班组，其形式可以是专业班组，也可以是混合班组。这样可使每个班组按施工顺序，依次、连续、均衡地从一个施工段转移到另一个施工段进行相同的操作。

4. 主要施工过程必须连续、均衡地施工

主要施工过程是指工程量较大、作业时间较长的施工过程。对于主要施工过程，必须连续、均衡地施工；对于其他次要施工过程，可考虑与相邻的施工过程合并。如不能合并，为缩短工期，可安排间断施工。

5. 不同施工过程尽可能组织平行搭接施工

不同工作队完成各施工过程的时间适当地搭接起来。不同专业工作队之间的关系，表现在工作空间上的交接和工作时间上的搭接。搭接的目的是缩短工期，也是连续作业或工艺上的要求。

二、流水施工的参数

由流水施工的基本概念及组织流水施工的条件可知：施工过程的分解、流水施工段的划分、施工队组的组织、施工过程间的搭接、各流水施工段上的作业时间 5 个方面的问题是流水施工中需要解决的主要问题。为此，流水施工基本原理中将上述问题归纳为工艺、空间和时间 3 个参数，称为流水施工基本参数。

(一)工艺参数

在组织流水施工时,用以表达流水施工在施工工艺上开展顺序及其特征的参数,称为工艺参数。通常,工艺参数包括施工过程数和流水强度两种。

1. 施工过程数

组织建筑工程流水施工时,根据施工组织及计划安排需要而将计划任务划分成的子项称为施工过程。它可以是一道工序,也可以是一个分项或分部工程。参与流水施工的施工过程数目通常以符号"n"表示。施工过程划分的数目多少、粗细程度一般与下列因素有关。

(1)施工进度计划的作用不同,施工过程数目也不同;

(2)施工方案及工程结构不同,施工过程数目也不同;

(3)劳动组织及劳动量大小不同,施工过程数目也不同。

一般来说,施工过程可分为下述 4 类。

(1)加工厂(或现场外)生产各种预制构件的施工过程。

(2)各种材料及构配件、半成品的运输过程。

(3)直接在工程对象上操作的各个施工过程(安装砌筑类施工过程)。

(4)大型施工机具安置及砌砖、抹灰、装修等脚手架搭设施工过程(不构成工程实体的施工过程)。

前两类施工过程,一般不应占有施工工期,只配合工程实体施工进度的需要,及时组织生产和供应到现场,所以一般可以不划入流水施工过程;第 3 类必须划入流水施工过程;第 4 类要根据具体情况,如果需要占有施工工期,则可划入流水施工过程。

值得注意的是,一个工程需要确定多少施工过程数目前没有统一规定,一般以能表达一个工程的完整施工过程,又能做到简单明了进行安排为原则。

2. 流水强度

流水强度是指某施工过程在单位时间内所完成的工程量,一般以 V_i 表示。

(1)机械施工过程的流水强度

$$V_i = \sum_{i=1}^{x} R_i \cdot S_i \tag{2-1}$$

式中:V_i——某施工过程 i 的机械操作流水强度;

R_i——投入施工过程 i 的某种施工机械台班数;

S_i——投入施工过程 i 的某种施工机械产量定额;

x——投入施工过程 i 的施工机械种类数。

(2)人工施工过程的流水强度

$$V_i = R_i S_i \tag{2-2}$$

式中：V_i——某施工过程 i 的人工操作流水强度；

　　R_i——投入施工过程 i 的工作队人数；

　　S_i——投入施工过程 i 的工作队平均产量额定。

(二)空间参数

在组织流水施工时，用来表达流水施工在空间布置上开展状态的参数，称为空间参数。空间参数一般包括工作面、施工段数和施工层数。

1. 工作面

工作面是指供某专业工种的工人或某种施工机械进行施工的活动空间。工作面的大小，表明能安排施工人数或机械台数的多少。每个作业的工人或每台施工机械所需工作面的大小，取决于单位时间内完成的工程量和安全施工的要求。工作面确定的合理与否，直接影响专业工作队的生产效率，因此必须合理确定工作面。有关主要工种的工作面见表 2-3。

表 2-3　主要工种的工作面参考数据表

工作项目	每个技工的工作面(m/人)	说明
砖基础	7.6	以 $1\frac{1}{2}$ 砖计，2 砖乘以 0.8，3 砖乘以 0.55
砖砌墙	8.5	以 1 砖计，$1\frac{1}{2}$ 砖乘以 0.71，2 砖乘以 0.57
混凝土桩、墙基础	8	机拌、机捣
混凝土设备基础	7	机拌、机捣
现浇钢筋混凝土柱	2.45	机拌、机捣
现浇钢筋混凝土梁	3.20	机拌、机捣
现浇钢筋混凝土墙	5	机拌、机捣
现浇钢筋混凝土楼板	5.3	机拌、机捣
预制钢筋混凝土柱	3.6	机拌、机捣
预制钢筋混凝土梁	3.6	机拌、机捣
预制钢筋混凝土屋架	2.7	机拌、机捣
预制钢筋混凝土平板、空心板	1.91	机拌、机捣
混凝土地坪及面层	40	机拌、机捣
外墙抹灰	16	—
内墙抹灰	18.5	—
卷材屋面	18.5	—
防水水泥砂浆屋面	16	—
门窗安装	11	—

2. 施工段和施工层

施工段数和施工层数是指工程对象在组织流水施工中所划分的施工区段数目。一般把平面上划分的若干个劳动量大致相等的施工区段称为施工段,用符号 m 表示。把建筑物垂直方向划分的施工区段称为施工层,用符号 c 表示。

划分施工段的目的,在于保证不同的施工队组能在不同的施工区段上同时进行施工,消灭由于不同的施工队组不能同时在一个工作面上工作而产生的互等、停歇现象,为流水施工创造条件。

(1)划分施工段的基本要求

1)施工段的数目要合理

①施工段过少,则会引起劳动力、机械和材料供应的过分集中,有时还会造成"断流"的现象。

②施工段过多,会增加总的施工持续时间,而且工作面不能充分利用。

2)施工段的划分界限的前提是要以保证施工质量且不违反操作规程。例如,结构上不允许留施工缝的部位不能作为划分施工段的界限。

3)各施工段的劳动量(或工程量)一般应大致相等(相差宜在 15% 以内),以保证各施工班组连续、均衡地施工。

4)当组织楼层结构的流水施工时,为使各施工班组能连续施工,上一层的施工必须在下一层对应部位完成后才能开始。因此,每一层的施工段数 m 必须大于或等于其施工过程数 n,即:

$$m \geqslant n \qquad (2\text{-}3)$$

①$m < n$ 时,因施工班组不能连续施工而窝工。因此,对一个建筑物组织流水施工是不适宜的,但是在建筑群中可与另一些建筑物组织大流水。

②$m > n$ 时,施工班组仍是连续施工,虽然有停歇的工作面,但不一定是不利的,有时还是必要的,如利用停歇的时间做养护、备料、弹线等工作。

③$m = n$ 时,施工班组连续施工,施工段上始终有施工班组,工作面能充分利用,无停歇现象,也不会产生窝工现象,比较理想。

显然,当无层间关系或无施工层时,施工段数不受式 2-3 的限制,可按上述划分施工段的基本要求进行确定。

(2)施工段划分的一般部位

在满足施工段划分基本要求的前提下,可按下述情况划分施工段的部位。

1)设置有伸缩缝、沉降缝的建筑工程,可按此缝为界划分施工段。

2)单元式的住宅工程,可按单元为界分段,必要时以半个单元处为界分段。

3)道路、管线等按长度方向延伸的工程,可按一定长度作为一个施工段。

4)多幢同类型建筑,可以一幢房屋作为一个施工段。

（三）时间参数

时间参数是在组织流水施工时，用以表达流水施工在时间排列上所处状态的参数。时间参数包括：流水节拍、流水步距、平行搭接时间、技术间歇时间与组织管理间歇时间、工期。下面分别简单介绍。

1. 流水节拍

从事某一施工过程的施工队组在一个施工段上完成施工任务所需的时间就是流水节拍，用符号 t_i 表示（$i=1,2\cdots\cdots$）。

（1）流水节拍的确定

流水节拍的大小直接关系到投入的劳动力、材料和机械的多少，决定着施工进度和施工的节奏性。因此，合理确定流水节拍具有重要意义。流水节拍的确定通常有三种方法：定额计算法、经验估算法、工期计算法。

1）定额计算法

根据现有能够投入的资源（劳动力、机械台班和材料量）来确定流水节拍，但须满足最小工作面的要求。计算公式为：

$$t_i = \frac{Q_i}{S_i R_i N_i} = \frac{P_i}{R_i N_i} \tag{2-4}$$

$$或 \qquad t_i = \frac{Q_i H_i}{R_i N_i} = \frac{P_i}{R_i N_i} \tag{2-5}$$

式中：t_i——某施工过程的流水节拍；

Q_i——某施工过程在某施工段上的工程量；

S_i——某施工队组的计划产量定额；

H_i——某施工队组的计划时间额定；

P_i——在一施工段上完成某施工过程所需的劳动量（工日数）或机械台班量（台班数），按式（2-6）计算；

R_i——某施工过程的施工队组人数或机械台数；

N_i——每天工作班制。

$$P_i = \frac{Q_i}{S_i} = Q_i H_i \tag{2-6}$$

2）经验估算法

经验估算法是根据以往的施工经验来对流水节拍进行估算。为了提高其准确程度，往往先估算出该流水节拍的最长、最短和最可能三种时间，然后求出期望时间，作为某施工队组在某施工段上的流水节拍。因此，本法也称为三种时间估算法。该方法多适用于采用新工艺、新方法和新材料等没有定额可循的工程。一般按式（2-7）计算。

$$t_i = \frac{a+4c+b}{6} \tag{2-7}$$

式中：t_i——某施工过程在某施工段上的流水节拍；

　　a——某施工过程在某施工段上的最短估算时间；

　　b——某施工过程在某施工段上的最长估算时间；

　　c——某施工过程在某施工段上的最可能估算时间。

3）工期计算法

在规定日期内必须完成施工任务的工程项目，往往采用倒排进度法计算流水节拍，具体步骤如下。

①根据工期倒排进度，确定某施工过程的工作持续时间。

②确定某施工过程在某施工段上的流水节拍。

若同一施工过程的流水节拍不相等，则用经验估算法进行计算；若流水节拍相等，则按式（2-8）进行计算。

$$t_i = T_i/m \tag{2-8}$$

式中：t_i——某施工过程的流水节拍；

　　T_i——某施工过程的工作持续时间；

　　m——某施工过程划分的施工段数。

根据工期要求来确定流水节拍时，必须检查劳动力和机械供应的情况，确定物资供应能否相适应。

（2）确定流水节拍应考虑的要素

1）施工班组人数应符合施工过程最少劳动组合人数的要求。但也不能太多，每个工人的工作面要符合最小工作面的要求。否则不能发挥正常的施工效率或不利于安全生产。工作面是表明施工对象上可能安置多少工人操作或布置施工机械场所的大小。主要工种的最小工作面可参考表 2-3 的有关数据。

2）要考虑各种机械台班的效率或机械台班产量的大小。

3）要考虑各种材料、构配件等施工现场堆放量、供应能力及其他有关条件的制约。

4）要考虑施工及技术条件的要求。例如，浇筑混凝土时，一般要按照三班制工作的条件决定流水节拍，保证连续施工，确保工程质量。

5）确定一个分部工程各施工过程的流水节拍时，首先应考虑主要的、工程量大的施工过程的节拍，其次确定其他施工过程的节拍值。

6）节拍值一般取整数，必要时可保留 0.5 天（台班）的小数值。

2. 流水步距

流水步距是指两个相邻的施工过程的施工队组相继进入同一施工段开始施

工的最小时间间隔（不包括技术与组织间歇时间），用符号 $K_{i,i+1}$ 表示（i 表示前一个施工过程，$i+1$ 表示后一个施工过程）。

流水步距的大小对工期有着较大影响。一般来说，在施工段不变的条件下，流水步距越小，则工期越短；流水步距越大，工期越长。

流水步距还与前后两个相邻施工过程流水节拍的大小、施工工艺技术要求、施工段数目、流水施工的组织方式有关。流水步距的数目等于 $n-1$ 个参加流水施工的施工过程（队组）数。

（1）确定流水步距的基本原则

1）技术间歇的需要。有些施工过程完成后，后续施工过程不能立即投入作业，必须有足够的时间间歇，用 t_j 表示。例如油漆的干燥。

2）施工班组连续施工的需要。最小的流水步距，必须使主要施工班组进场以后，不发生停工、窝工的现象。

3）保证每个施工段的正常作业程序，不能发生前一施工过程尚未完成，而后一个施工过程就提前介入的现象。有时为了缩短时间，在工艺技术条件许可的情况下，某些次要专业队伍也可以搭接进行，其搭接时间用 t_d 表示。

4）组织间歇的需要。组织间歇是指由于考虑组织技术因素，两相邻施工过程在规定流水步距之外所增加的必要时间间歇，以便对前道工序进行检查验收，对下道工序做必要的准备工作。

（2）确定流水步距的方法

1）分析计算法

在组织流水施工中，如果同一施工过程在各施工段上的流水节拍相等，则各相邻施工过程之间的流水步距可按下式计算：

$$K_{i,i+1}=t_i+(t_j-t_d) \qquad （当 t_i \leqslant t_{i+1} 时） \qquad (2-9)$$

$$K_{i,i+1}=mt_i-(m-1)t_{i+1}+(t_i-t_d) \qquad （当 t_i > t_{i+1} 时） \qquad (2-10)$$

式中：t_i——第 i 个施工过程的流水节拍；

t_{i+1}——第 $i+1$ 个施工过程的流水节拍；

t_j——第 i 个施工过程与第 $i+1$ 个施工过程之间的间歇时间；

t_d——第 $i+1$ 个施工过程与第 i 个施工过程之间的搭接时间。

2）累加数列法（取大差法）

累加数列法没有计算公式，它的文字表达式为："累加数列错位相减取大差"。其计算步骤如下：

首先将每个施工过程的流水节拍逐段累加，求出累加数列。然后根据施工顺序，对所求相邻的两累加数列错位相减。最后根据错位相减的结果，确定相邻施工队组之间的流水步距，即相减结果中数值最大者。

3. 平行搭接时间

在组织流水施工时,有时为了缩短工期,在工作面允许的条件下,前一个施工队组完成部分施工任务后,提前为后一个施工队组提供工作面,使后者提前进入前一个施工段,两者在同一施工段上平行搭接施工,这个搭接时间就称为平行搭接时间,通常以 $C_{i,i+1}$ 表示。

4. 技术间歇时间

在组织流水施工时,有时要根据建筑材料或现浇构件等的工艺性质,考虑合理的工艺等待间歇时间,这种相邻两个施工过程在时间上不能衔接施工而必须留出的时间间隔,称为技术间歇时间。比如混凝土构件浇筑后的养护时间、砂浆抹灰面和油漆的干燥时间等。技术间歇时间用 $Z_{i,i+1}$ 表示。

5. 组织间歇时间

在流水施工中,由于施工技术或施工组织的原因,造成的在流水步距以外增加的间歇时间,称为组织间歇时间。如墙体砌筑前的墙身位置弹线,施工人员、机械转移,回填土前地下管道检查验收等。组织间歇时间用 $G_{i,i+1}$ 表示。

6. 工期

工期是指完成一项工程任务或一个流水组施工所需的时间,一般可采用式2-11计算完成一个流水组的工期。

$$T = \sum K_{i,i+1} + T_n + \sum Z_{i,i+1} + \sum G_{i,i+1} - \sum C_{i,i+1} \qquad (2\text{-}11)$$

式中:T——流水组施工工期;

$\sum K_{i,i+1}$——流水施工中各流水步距之和;

T_n——流水施工中最后一个施工过程的持续时间;

$Z_{i,i+1}$——第 i 个施工过程与第 $i+1$ 个施工过程之间的技术间歇时间;

$G_{i,i+1}$——第 i 个施工过程与第 $i+1$ 个施工过程之间的组织间歇时间;

$C_{i,i+1}$——第 i 个施工过程与第 $i+1$ 个施工过程之间的平行搭接时间。

三、流水施工的基本方式

按照流水节拍的特征,流水施工可以分为等节奏流水施工方式和无节奏流水施工方式两类。等节奏性流水施工方式又分为等节拍流水施工方式和异节拍流水施工方式两种。其中,等节拍流水施工方式分为全等节拍流水施工方式和成倍节拍流水施工方式两种。通常所说的流水施工基本方式是指全等节拍流水施工方式、成倍节拍流水施工方式、异节拍流水施工方式和无节奏流水施工方式四种。下面对这四种施工方式分别简单介绍。

(一)全等节拍流水施工方式

全等节拍流水施工方式(也叫做固定节拍流水施工方式),是指在流水施工中,同一施工过程在各个施工段上的流水节拍均相等,不同施工过程的流水节拍也相等的一种流水施工方式。

1. 基本特点

(1)各个施工过程在各施工段上的流水节拍彼此相等。

假如有 n 个施工过程,其流水节拍为 t_i,则:

$$t_1 = t_2 = t_3 = \cdots = t_{n-1} = t_n = t(常数)$$

(2)流水步距彼此相等,而且等于流水节拍,即:

$$K_{1,2} = K_{2,3} = K_{3,4} = \cdots = K_{n-1,n} = K = t(常数)$$

(3)施工专业工作队的队数等于施工过程数。每个施工专业工作队在各施工段上都能够连续施工,各个施工段之间没有空闲。

2. 组织施工步骤

(1)确定项目施工起点流向,分解施工过程。

(2)确定施工顺序,划分施工段,其数目 m 的确定方法如下。

1)无层间关系或无施工层时,取 $m = n$;

2)有层间关系或有施工层时,施工段数 m 计算公式如下:

①若一个楼层内各施工过程的技术、组织间歇时间之和为 $\sum Z_1$,楼层间技术、组织间歇时间之和为 Z_2,而且每一层的 $\sum Z_1$ 均相等,Z_2 也相等,则:

$$m = n + \frac{\sum Z_1 + Z_2 - \sum t_d}{K} \tag{2-12}$$

②若一个楼层内各施工过程的技术、组织间歇时间之 $\sum Z_1$,楼层间技术、组织间歇时间之和为 Z_2,而且每一层的 $\sum Z_1$ 不完全相等,Z_2 也不完全相等,则:

$$m = n + \frac{\max \sum Z_1 + \max Z_2 - \sum t_d}{K} \tag{2-13}$$

(3)根据全等节拍专业流水要求,计算流水节拍的值。

(4)确定流水步距,$K = t$。

(5)计算流水施工的工期 T。

1)无间歇全等节拍流水施工。

$$T = \sum_{i=1}^{n-1} K_{i,i+1} + T_n = (n-1) \cdot K + m \cdot t = (n-1+m) \cdot K \tag{2-14}$$

式中: T——流水组工期;

$\sum_{i=1}^{n-1} K_{i,i+1}$ ——流水施工中各流水步距之和;

T_n——流水施工中最后一个施工过程的持续时间；

n——施工过程数；

m——施工段数；

t——常数,$t=K$；

K——流水步距。

2)有间歇全等节拍流水施工。

①不分施工层时,其计算公式如下：

$$T = \sum_{i=1}^{n-1} K_{i,i+1} + T_n + \sum t_j + \sum t_z - \sum t_d = (m+n-1) \cdot K + \sum t_j + \sum t_z - \sum t_d$$

$$(2\text{-}15)$$

式中： T——流水组工期；

$\sum\limits_{i=1}^{n-1} K_{i,i+1}$——流水施工中各流水步距之和；

T_n——流水施工中最后一个施工过程的持续时间；

n——施工过程数；

m——施工段数；

K——流水步距；

$\sum t_j$——所有技术间歇之和；

$\sum t_z$——所有组织间歇之和；

$\sum t_d$——所有平行搭接时间之和。

②分施工层时,其计算公式如下：

$$T = \sum_{i=1}^{n-1} K_{i,i+1} + T_n + \sum t_j + \sum t_z - \sum t_d = (m \cdot j + n - 1) \cdot K + Z_1 - \sum t_d$$

$$(2\text{-}16)$$

式中： T——流水组工期；

$\sum\limits_{i=1}^{n-1} K_{i,i+1}$——流水施工中各流水步距之和；

T_n——流水施工中最后一个施工过程的持续时间；

n——施工过程数；

m——施工段数；

K——流水步距；

j——施工层数；

$\sum t_j$——所有技术间歇之和；

$\sum t_z$——所有组织间歇之和；

Z_1——第一个施工层的技术、组织间歇之和；

$\sum t_d$——所有平行搭接时间之和。

(6)绘制流水施工图表。

3. 适用范围

全等节拍流水施工方式要求划分的各分部、分项工程都采用相同的流水节拍,对一个单位工程或建筑群来说比较困难,不适用于单位工程,特别是大型的建筑群。因此,一般适用于施工对象结构简单、工程规模较小、施工过程数不多的房屋工程或线性工程,如道路工程、管道工程等。全等节拍流水施工方式实际应用范围不是很广。

(二)成倍节拍流水施工方式

成倍节拍流水施工方式是指在流水施工中,同一施工过程在各个施工段上的流水节拍均相等,不同施工过程的流水节拍不完全相等,但是各个施工过程的流水节拍均为其中最小流水节拍的整数倍的一种流水施工方式。

1. 基本特点

(1)同一施工过程在各施工段上的流水节拍彼此相等,不同施工过程在同一施工段上的流水节拍为最小流水节拍的整数倍。

(2)流水步距彼此相等,而且等于最小的流水节拍,即:

$$K_{1,2}+K_{2,3}=K_{3,4}=\cdots=K_{n-1,n}=K=T_{\min}$$

(3)施工专业工作队的队数不等于施工过程数,$m \geqslant n$。每个施工专业工作队在各施工段上都能连续施工,各个施工段没有空闲。

2. 组织施工步骤

(1)确定项目施工起点流向,分解施工过程,确定流水步距,$K=t_{\min}$。

(2)确定各施工过程的专业工作队数和施工专业工作队总数。

$$D_i=\frac{t_i}{K} \tag{2-17}$$

$$N=\sum D_i \tag{2-18}$$

式中:D_i——某施工过程所要组织的专业工作队数;

t_i——施工过程 i 在各施工段上的流水节拍;

N——施工专业队总数。

(3)确定施工顺序,划分施工段,无层间关系或无施工层时,取 $m=n$,有层间关系或有施工层时,施工段数 m 计算公式如下:

$$m=N+\frac{\max\sum Z_1+\max Z_2-\sum t_d}{K} \tag{2-19}$$

(4)计算流水施工的工期。

1)不分施工层时,其计算公式如下:

$$T = \sum_{i=1}^{n-1} K_{i,i+1} + T_n + \sum t_j + \sum t_z - \sum t_d = (m-N-1) \cdot K + \sum t_j + \sum t_z - \sum t_d$$

$$(2\text{-}20)$$

式中：　T——流水组工期；

$\sum_{i=1}^{n-1} K_{i,i+1}$——流水施工中各流水步距之和；

T_n——流水施工中最后一个施工过程的持续时间；

N——施工专业队总数；

m——施工段数；

K——流水步距；

$\sum t_j$——所有技术间歇之和；

$\sum t_z$——所有组织间歇之和；

$\sum t_d$——所有平行搭接时间之和。

2）分施工层时，其计算公式如下：

$$T = \sum_{i=1}^{n-1} K_{i,i+1} + T_n + \sum t_j + \sum t_z - \sum t_d = (m \cdot j + N - 1) \cdot K + Z_1 - \sum t_d$$

$$(2\text{-}21)$$

式中：　T——流水组工期；

$\sum_{i=1}^{n-1} K_{i,i+1}$——流水施工中各流水步距之和；

T_n——流水施工中最后一个施工过程的持续时间；

N——施工专业队总数；

m——施工段数；

K——流水步距；

j——施工层数；

$\sum t_j$——所有技术间歇之和；

$\sum t_z$——所有组织间歇之和；

Z_1——第一个施工层的技术、组织间歇之和；

$\sum t_d$——所有平行搭接时间之和。

（5）绘制流水施工图表。

3. 适用范围

成倍节拍流水施工方式一般适用于线性工程的施工，如道路、管道等。

（三）异节拍流水施工方式

异节拍流水施工方式（也称为不等节拍流水施工方式）是指在流水施工

中,同一施工过程在各个施工段上的流水节拍均相等,但是在不同施工过程的流水节拍不完全相等,而且各流水节拍之间没有最大公约数的一种流水施工方式。

1. 基本特点

(1)同一施工过程在各施工段上的流水节拍彼此相等,不同施工过程之间的流水节拍不完全相等,而且各流水节拍之间没有最大公约数。

(2)各施工过程之间的流水步距不一定相等。

(3)施工专业工作队的队数等于施工过程数。每个施工专业工作队在各施工段上都能够连续施工,各个施工段之间没有空闲。

2. 组织施工步骤

(1)确定项目施工起点流向,分解施工过程,确定施工顺序,划分施工段 m。

(2)根据异节拍专业流水要求,计算流水节拍的值。

(3)确定流水步距:

$$K_{i,i+1}=t_i \quad (t_i \leqslant t_{i+1}) \tag{2-22}$$

$$K_{i,i+1}=m \cdot t_i-(m-1) \cdot t_{i+1} \quad (t_i > t_{i+1}) \tag{2-23}$$

(4)计算流水施工的工期 T。

1)不分施工层时,其计算公式如下:

$$T = \sum_{i=1}^{n-1} K_{i,i+1}+T_n+\sum t_j+\sum t_z-\sum t_d \tag{2-24}$$

式中: T——流水组工期;

$\sum\limits_{i=1}^{n-1} K_{i,i+1}$ ——流水施工中各流水步距之和;

T_n——流水施工中最后一个施工过程的持续时间;

$\sum t_j$——所有技术间歇之和;

$\sum t_z$——所有组织间歇之和;

$\sum t_d$——所有平行搭接时间之和。

2)分施工层时,其计算公式如下:

$$T = \sum_{i=1}^{n-1} K_{i,i+1}+T_n+\sum Z_{层内}-\sum Z_{层间}-\sum t_d \tag{2-25}$$

式中: T——流水组工期;

$\sum\limits_{i=1}^{n-1} K_{i,i+1}$ ——流水施工中各流水步距之和;

T_n——流水施工中最后一个施工过程的持续时间;

$\sum Z_{层内}$——所有每层的技术和组织间歇之和;

$\sum Z_{层间}$——所有层间间歇之和；

$\sum t_d$——所有平行搭接时间之和。

(5)绘制流水施工图表。

3. 适用范围

异节拍流水施工方式在进度安排上比全等节拍流水施工方式灵活,它允许不同施工过程采用不同的流水节拍。实际应用范围比较广,适用于分部和单位工程流水施工。

(四)无节奏流水施工方式

无节奏流水施工方式(又称为分别流水施工方式)是指在流水施工中,同一施工过程不同施工段上流水节拍不完全相等的一种流水施工方式。

1. 基本特点

(1)每个施工过程在各施工段上的流水节拍不完全相等。

(2)各个施工过程之间流水步距不一定相等。

(3)施工专业工作队的队数等于施工过程数。每个施工专业工作队在各施工段上都能够连续施工,个别施工段可能有空闲。

2. 组织施工步骤

(1)确定项目施工起点流向,分解施工过程,确定施工顺序,划分施工段 m。

(2)根据无节奏流水要求,计算各个施工过程在各个施工段上流水节拍的值。

(3)按照"累加斜减计算法"原则,确定相邻两个专业工作队之间的流水步距。

将每个施工过程的流水节拍值逐段累加。然后错位相减,即从前一个施工专业队由加入流水施工开始到完成该施工段工作为止的持续时间之和,减去后一个施工专业队由加人流水施工开始到完成前一个施工段工作为止的持续时间之和(相邻斜减),得到一组差数。最后取上一步斜减差数中的最大值作为流水步距。

(4)计算流水施工的工期 T。

$$T = \sum_{i=1}^{n-1} K_{i,i+1} + T_n + \sum t_j + \sum t_z - \sum t_d \qquad (2-26)$$

式中： T——流水组工期；

$\sum_{i=1}^{n-1} K_{i,i+1}$——流水施工中各流水步距之和；

T_n——流水施工中最后一个施工过程的持续时间；

$\sum t_j$——所有技术间歇之和；

$\sum t_z$——所有组织间歇之和；

$\sum t_d$——所有平行搭接时间之和。

(5)绘制流水施工图表。

3. 适用范围

无节奏流水施工方式适用于各种不同结构性质和规模的工程施工。适用于分部工程和单位工程以及大型建筑群的流水施工，是流水施工中应用最多的一种方式。这种施工方式不像有节奏流水施工方式那样有一定的时间规律约束，在进度安排上比较自由灵活。

第二节 工程网络计划技术

一、工程网络计划概述

(一)基本概念

1. 网络图

网络图是由箭线和节点组成的，用来表示工作流程的有向、有序的网状图形。

2. 网络计划

网络计划是指用网络图表达任务构成、工作顺序并加注工作时间参数的进度计划。因此，提出一项具体工程任务的网络计划安排方案，就必须首先要求绘制网络图。

3. 网络计划技术

利用网络图的形式表达各项工作之间的相互制约和相互依赖关系，并分析其内在规律，从而寻求最优方案的方法称为网络计划技术。

(二)发展历史

网络计划技术是一种科学的计划管理方法，它是随着现代科学技术和工业生产的发展而产生的。20世纪50年代，为了适应科学研究和新的生产组织管理的需要，国外陆续出现了一些计划管理的新方法。1956年，美国杜邦公司研究创立了网络计划技术的关键线路方法(缩写为CPM)，并试用于一个化学工程上，取得了良好的经济效果。1958年美国海军武器部在研制"北极星"导弹计划时，应用了计划评审方法(缩写为PERT)进行项目的计划安排、评价、审查和控制，获得了巨大成功。20世纪60年代初期，网络计划技术在美国得到了推广，一切新建工程全面采用这种计划管理新方法,并开始将该方法引入日本和西欧其他国家。随着现代科学技术的迅猛发展、管理水平的不断提高,网络计划技术也在不断发展和完善。目前,它已广泛地应用于世界各国的工业、国防、建筑、运输和科研等领域,已成为发达国家盛行的一种现代生产管理的科学方法。

在华罗庚教授的倡导下,网络计划技术在各行业,尤其是建筑业得到广泛推广和应用。20 世纪 80 年代初,全国各地建筑业相继成立了研究和推广工程网络计划技术的组织机构。我国先后于 1991 年、1992 年颁发了《工程网络计划技术规程》JGJ 1001－91 和中华人民共和国国家标准《网络计划技术》GB/T 13400.1～3－92),1999 年又对《工程网络计划技术规程》进行了修订(编号改为 JGJ/T 121－99)。2009 年和 2012 年,新的国家标准《网络计划技术》开始实施。该规程和标准的颁发与实施,使我国进入工程网络计划技术研究与应用领域的世界先进行列。

(三)网络计划技术的特点

与横道计划相比,网络计划技术具有以下优缺点。

1. 优点

(1)把整个网络计划中的各项工作组成一个有机整体,能够全面、明确地反映各项工作开展的先后顺序,同时能反映各项工作之间相互制约和相互依赖的关系。

(2)能够通过时间参数的计算,确定各项工作的开始时间和结束时间等,找出影响工程进度的关键,可以明确各项工作的机动时间,以便于管理人员抓住主要矛盾,更好地支配人、财、物等资源。

(3)在计划执行过程中进行有效的监测和控制,以便合理使用资源,优质、高效、低耗地完成预定的工作。

(4)通过网络计划的优化,可在若干个方案中找到最优方案。

(5)网络计划的编制、计算、调整、优化都可以通过计算机协助完成。

2. 缺点

(1)表达计划不直观、不形象,从图上很难看出流水作业的情况。

(2)很难依据普通网络计划(非时标网络计划)计算资源的日用量,但时标网络计划可以克服这一缺点。

(3)编制较难,绘制较麻烦。

(四)网络计划分类

1. 按代号分类

按代号的不同,网络计划可分为双代号网络计划和单代号网络计划。双代号网络计划是以双代号网络图表示的网络计划。双代号网络图是以箭线及其两端节点的编号表示工作的网络图。单代号网络计划是以单代号网络图表示的网络计划。单代号网络图以节点及其编号表示工作、以箭线表示工作之间的逻辑关系。

2. 按目标的多少分类

按目标的多少,网络计划可分为单目标网络计划和多目标网络计划。单目标网络计划所用的网络图只有一个终点节点。多目标网络计划所用的网络图有多个终点节点。

3. 按有无时间坐标刻度分类

按有无时间坐标刻度,网络计划分为无时标网络计划和有时标网络计划两种。

4. 按肯定与非肯定分类

按肯定与非肯定进行区分,网络计划可分为肯定型网络计划与非肯定型网络计划。肯定型网络计划指子项目(工作)、工作之间的逻辑关系及各工作的持续时间都肯定的网络计划。非肯定型网络计划指子项目(工作)、工作之间的逻辑关系及各工作的持续时间三者之中至少有一项不肯定的网络计划。

5. 按包含的范围分类

按网络计划包含的范围区分,网络计划可分为局部网络计划、单位工程网络计划和综合网络计划。局部网络计划指一个建筑物或构筑物中的一部分,或以一个施工段为对象编制的网络计划。单位工程网络计划是指以一个单位工程或单体工程为对象编制的网络计划。综合网络计划是指以一个单项工程或以一个建设项目为对象编制的网络计划。

6. 按有无时间坐标刻度分类

按有无时间坐标刻度,网络计划分为无时标网络计划和有时标网络计划两种。

(五)网络计划的编制流程

建设工程施工项目网络计划编制的流程:调查研究确定施工顺序及施工工作组成;理顺施工工作的先后关系并用网络图表示;计算或计划施工工作所需持续时间;制订网络计划;不断优化、控制、调整。

二、双代号网络计划

(一)双代号网络图的组成要素

双代号网络图由箭线、节点和线路三个基本要素组成,其各自的含义表示如下:

1. 箭线

在双代号网络图中,箭线有实箭线和虚箭线两种,二者所表示的内容是不同的。

(1)实箭线。在双代号网络图中是指可以独立存在,需要消耗一定时间和资源,能够定以名称的活动。通常在箭线上方标注工作名称,下方标注工作所持续的时间,如图 2-5 所示。

一条实箭线或代表一项实工作,需要消耗时间和资源,比如挖基础;或表示一个施工过程,只消耗时间而不消耗资源,比如混凝土养护,见图 2-6 所示。

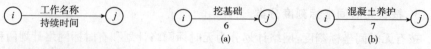

图 2-5　实箭线标注方法　　　　图 2-6　双代号网络图工作示意图

(2)虚箭线。在双代号网络图中只表示某些工作之间的相互依赖、相互制约的关系,既不需要消耗时间也不需要消耗空间和资源。也就是说,虚箭线表示虚工作,仅仅表达工作间的逻辑联系,如图 2-7 所示。

图 2-7　虚工作的标注方法

虚工作在双代号网络图中具有联系、区分和断路的作用。在后面的学习中,很容易体会。

(3)紧前、紧后和平行工作。

1)紧前工作:紧排在本工作开始之前的工作称为本工作的紧前工作。

2)紧排在本工作完成之后的工作称为本工作的紧后工作。

3)可与本工作同时进行的工作称为本工作的平行工作。

2. 节点

在双代号网络图中,节点是指箭杆进入或引出处带有编号的圆圈(或方框)。

(1)作用与分类。在双代号网络图中,节点代表一项工作的开始或结束,用圆圈表示。箭线尾部的节点称为该箭线所示工作的开始节点,箭头处的节点称为该箭线所示工作的结束节点。在一个完整的网络图中,除了最前的起点节点和最后的终点节点外,其余任何一个节点都具有双重含义:既是前面工作的结束点,又是后面工作的开始点。

(2)编号。为了便于网络图的检查和计算,通常需要对网络图各节点进行编号,如图2-5所示。对一个网络图中的所有节点应进行统一编号,不得有缺编和重号现象。对于每一项工作而言,其箭头节点的号码应大于箭尾节点的号码,即顺箭线方向由小到大,图 2-5 中,j 应大于 i。编号宜在绘图完成、检查无误后,顺着箭头方向依次进行。当网络图中的箭线均为由左向右和由上至下时,可采取每行由左向右,由上至下逐行编号的水平编号法;也可采取每列由上至下,由左向右逐列编号的垂直编号法。为了便于修改和调整,可隔号编号。

3. 线路

线路又称路线。网络图中以起点节点开始,沿箭线方向连续通过一系列箭线与节点,最后到达终点节点的通路称为线路。

任何一个网络计划,从起点至终点会有一条或几条线路,其中持续时间最长的线路为关键线路,位于关键线路上的工作为关键工作。其他线路为非关键线路,位于非关键线路上的工作不是关键工作。关键工作没有机动时间,其完成的快慢直接影响整个工程项目的计划工期。

(二)双代号网络图的绘制

1. 逻辑关系的表示方法

双代号网络图的绘制必须正确表达已定的各个工作之间客观和主观上的逻辑关系,其表不方法见表 2-4。

表 2-4　工作间逻辑关系表示方法

序号	工作之间的逻辑关系	网络图中表示方法	说　明
1	有 A、B 两项工作按照依次施工方式进行		B 工作依赖着 A 工作,A 工作约束着 B 工作的开始
2	有 A、B、C 三项工作同时开始工作		A、B、C 三项工作称为平行工作
3	有 A、B、C 三项工作同时结束		A、B、C 三项工作称为平行工作
4	有 A、B、C 三项工作,只有在 A 完成后,B、C 才开始		A 约束着 B、C 两项工作的开始,B、C 为平行工作

（续）

序号	工作之间的逻辑关系	网络图中表示方法	说　明
5	有 A、B、C 三项工作，C 工作只有在 A、B 完成后才能开始	A B C	C 依赖着 A、B 工作，A、B 为平行工作
6	有 A、B、C、D 四项工作，只有在 A、B 完成后，C、D 才能开始	A C B D	A、B 工作约束着 C、D 工作的开始
7	有 A、B、C、D 四项工作，A 完成后 C 才能开始，A、B 完成后 D 才能开始	A C B D	D 与 A 之间引入了虚工作，只有这样才能正确表达它们的逻辑关系
8	有 A、B、C、D、E 五项工作，A、B 完成后 C 开始，B、D 完成后 E 开始	A C B E D	虚工作反映了 C 工作受到了 B 工作的约束，E 工作受到 B 工作的约束
9	有 A、B、C、D、E 五项工作，A、B、C 完成后 D 开始，B、C 完成后 E 开始	A D B E C	虚工作反映了工作 D 受到工作 B、C 的制约
10	A、B 两项工作分三个施工段，平行施工	①A1②A2③A3 B1④B2⑤B3⑥	每个工种工程建立专业工作队，在每个施工段上进行流水作业，不同工种之间用逻辑搭接关系表示

2. 绘制双代号网络图的基本规则

（1）一个网络计划图中只允许有一个开始节点和一个结束节点。

（2）一个网络计划图中不允许单代号、双代号混用。

（3）节点大小要适中，编号应由小到大，不重号、不漏编，但可以跳跃。

（4）一对节点之间只能有一条箭线，图 2-8 是错误的；一对节点之间不能出现无箭头杆，图 2-9 是错误的。

(5)网络计划图中不允许有循环线路,图 2-10 是错误的。

(6)网络计划图中不允许有相同编号的节点或相同代码的工作。

(7)网络计划图的布局应合理,要尽量避免箭线的交叉,图 2-11(a)应调整为图 2-11(b);当箭线的交叉不可避免时,可采用"暗桥"或"断线"方法来处理,如图 2-12 所示。

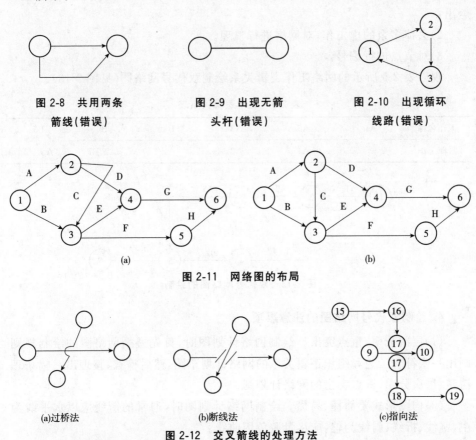

图 2-8　共用两条
箭线(错误)

图 2-9　出现无箭
头杆(错误)

图 2-10　出现循环
线路(错误)

图 2-11　网络图的布局

(a)过桥法　　　　　(b)断线法　　　　　(c)指向法

图 2-12　交叉箭线的处理方法

3. 双代号网络图的绘制方法与步骤

(1)网络图表达了施工计划的三个基本内容:本工程由哪些工序(或项目)组成;各个工序(或项目)之间的衔接关系;每个工序(或项目)所需的作业时间。

(2)在绘制网络图时,应遵守绘制的基本规则,同时也应注意遵守工作之间的逻辑关系。绘制双代号网络图的方法如下。

1)先绘制网络草图。绘制逻辑草图的方法是顺推法,即以原始节点开始,首先确定由原始节点引出的工作,然后根据工作间的逻辑关系,确定各项工作的紧后工作。在这一连接过程中,为避免工作逻辑错误,应遵循以下要求:

①当某项工作只存在一项紧前工作时,该工作可以直接从紧前工作的结束节点连出;

②当某项工作存在多余一项以上的紧前工作时,可以从其紧前工作的结束节点分别画虚工作并汇交到一个新节点,然后从这一新节点把该项工作连出;

③在连接某工作时,若该工作的紧前工作没有全部绘出,则该项工作不应该绘出。

2)去掉多余的虚工作,对网络进行整理。

3)对节点进行编号。

现以表 2-5 所示的网络工作逻辑关系绘制双代号网络图(见图 2-13)。

表 2-5　工作逻辑关系表

工作名称	A1	A2	A3	B1	B2	B3
紧前工作	—	A1	A2	A1	A2、B1	A3、B2

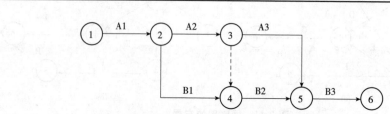

图 2-13　双代号网络图的绘制

4. 绘制双代号网络图的注意事项

(1)层次分明,重点突出。绘制网络计划图时,首先遵循网络图的绘制规则画出一张符合工艺和组织逻辑关系的网络计划草图,然后检查、整理出一幅条理清楚、层次分明、重点突出的网络计划图。

(2)构图形式要简捷、易懂。绘制网络计划图时,通常的箭线应以水平线为主,竖线、折线、斜线为辅,应尽量避免用曲线。

(3)正确应用虚箭线。绘制网络图时,正确应用虚箭线可以使网络计划中的逻辑关系更加明确、清楚,它起到"断"和"连"的作用。

(三)网络图的拼图

1. 建筑施工网络图的排列方法

为了使建筑施工网络计划条理化和形象化,使各项工作之间在工艺上和组织上的逻辑关系准确,便于施工的组织管理人员掌握,也便于对网络计划进行检查和调整,应在编制网络计划时,根据各自不同情况灵活地选用不同排列方法。

(1)按施工过程排列。根据施工顺序把各施工过程按垂直方向排列,而将施工段按水平方向排列。其特点是相同工种在一条水平线上,突出了各工种之间的关系。如图 2-14 所示。

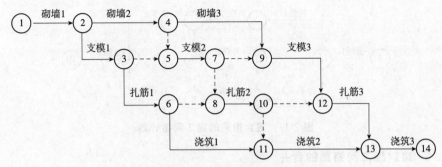

图 2-14　按施工过程排列的施工网络计划

(2)按施工段排列。将同一施工段上的各施工过程按水平方向排列,而将施工段按垂直方向排列。其特点是同一施工段上的各施工过程(工种)在一条水平线上,突出了各工作面之间的关系。如图 2-15 所示。

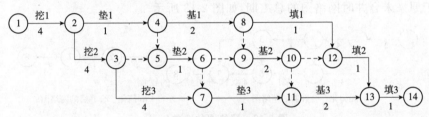

图 2-15　按施工段排列的施工网络计划

(3)按楼层排列。将同一楼层上的各施工过程按水平方向排列,而将楼层按垂直方向排列。其特点是同一楼层上的各施工过程(工种)在一条水平线上,突出了各工作面(楼层)的利用情况,使得较复杂的施工过程变得清晰明了。如图 2-16 所示。

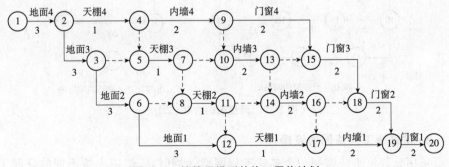

图 2-16　按楼层排列的施工网络计划

（4）混合排列。在绘制单位工程网络计划等一些较复杂的网络计划时,常常采用以一种排列为主的混合排列,如图 2-17 所示。

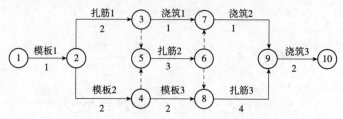

图 2-17　混合排列的施工网络计划

2. 建筑施工网络图的合并

为了简化网络图,可以将某些相对独立的网络图合并成只有少量箭线的简单网络图。网络图合并、简化时,必须遵循以下原则。

（1）用一条箭线代替原网络图中某一部分网络图时,该箭线的长度(工作持续时间)应为"被简化部分网络图"中最长的线路长度,合并后网络图的总工期应等于原来未合并时网络图的总工期,如图 2-18 所示。

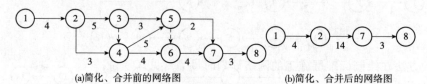

(a)简化、合并前的网络图　　　　　　　(b)简化、合并后的网络图

图 2-18　网络图的合并(一)

（2）网络图合并时,起点节点、终点节点和与外界有联系的节点不得简化掉,如图 2-19 所示。

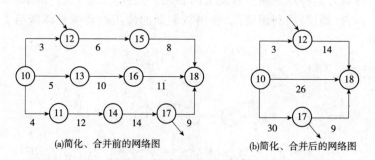

(a)简化、合并前的网络图　　　　　　　(b)简化、合并后的网络图

图 2-19　网络图的合并(二)

3. 建筑施工网络图的连接

采用分部流水法编制一个单位工程网络计划时,一般应先按不同的分部工程分别编制出局部网络计划,然后再按各分部工程之间的逻辑关系,将各分部工

程的局部网络计划连接起来成为一个单位工程网络计划,基础按施工过程排列,其余按施工段排列。如图 2-20 所示。

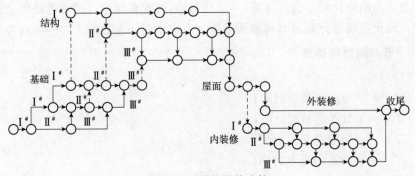

图 2-20　网络图的连接

为了便于把分别编制的局部网络图连接起来,各局部网络图的节点编号数目要留足,确保整个网络图中没有重复的节点编号;也可采用先连接,然后再统一进行节点编号的方法。

4. 建筑施工网络图的详略组合

在一个施工进度计划的网络图中,应"局部详细,整体粗略",突出重点。或者采用某一阶段详细,其他相同阶段粗略的方法来简化网络计划。这种详略组合的方法在绘制标准层施工的网络计划时最为常见。

例如,某项四单元六层砖混结构住宅的主体工程,每层分两个施工段组织流水施工。因为二至五层为标准层,所以二层应编制详图,三、四、五层均采用一个箭头的略图,如图 2-21 所示。

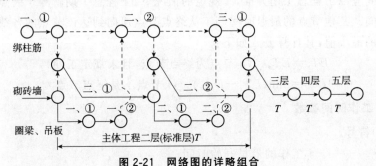

图 2-21　网络图的详略组合

(四)双代号网络计划时间参数的计算

网络计划的时间参数主要包括:各个节点的最早时间和最迟时间;各项工作的最早开始时间、最早完成时间、最迟开始时间和最迟完成时间;各项工作的有关时差等。

网络计划时间参数的计算方法通常有分析计算法、图上计算法、表上计算法、矩阵计算法和电算法等。分析计算法是按公式进行的,图上计算法是直接在已绘制好的网络计划上进行计算,并进行标注,因此常常把这两种方法结合起来应用。双代号网络计划的时间参数主要有节点的时间参数和工作的时间参数。

1. 节点的时间参数

(1)符号

ET_i——i 节点的最早时间;

LT_i——i 节点的最迟时间;

ET_j——j 节点的最早时间;

LT_j——j 节点的最迟时间。

标注方法如图 2-22 所示。

D_{i-j}表示工作 $i—j$ 的持续时间。

(2)计算

1)计算节点最早时间(ET_i)。节点的最早时间就是该节点后面工作最早可能开始的时间(该节点前面的工作全部完成)。通常规定网络计划起点节点的最早开始时间为零,其他节点的最早时间等于从起点节点到达该节点的各线路中累加时间的最大值。其计算公式如下:

$$ET_i = 0 \quad (i \text{ 节点是起点节点}) \tag{2-27}$$

$$ET_j = \max(EX_i + D_{i-1}) \quad (j \text{ 节点不是起点节点}) \tag{2-28}$$

2)计算节点最迟时间(LT_i)。节点的最迟时间就是结束于该节点的各工序最迟必须完成的时间(在不影响终点节点的最迟时间前提下)。通常终点节点的最迟时间应以工程总工期为准,无规定的情况下,工程总工期就等于终点节点的最早时间。其他节点的最迟时间等于从终点节点逆向到达该节点的各线路中累减时间的最小值,其计算公式如下:

$$LT_n = ET_n \quad (n \text{ 节点为终点节点,且未规定工期}) \tag{2-29}$$

$$LT_i = \min(LT_j - D_{i-1}) \quad (i \text{ 节点不是终点节点}) \tag{2-30}$$

2. 工作时间参数

(1)符号

ES_{i-j}——$i-j$ 工作的最早开始时间;

EF_{i-j}——$i-j$ 工作的最早完成时间;

LS_{i-j}——$i-j$ 工作的最迟开始时间;

LF_{i-j}——$i-j$ 工作的最迟完成时间;

TF_{i-j}——$i-j$ 工作的总时差;

FF_{i-j}——$i-j$ 工作的自由时差。

表示方法如图 2-23 所示。

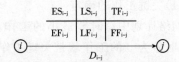

图 2-22　节点时间参数的标注方法　　　图 2-23　工作时间参数的表示方法

（2）计算

1）工作的最早开始时间（ES_{i-j}）和最早完成时间（EF_{i-j}）。工作的最早开始时间就是指在完成其紧前工作的前提下，本工作可以开始的最早时间；工作的最早完成时间就是指在完成其紧前工作的前提下，本工作可以完成的最早时间。它们都应从网络计划的起点节点开始顺着箭线的方向依次逐项计算。计算公式如下：

$$ES_{i-j}=0 \quad （i \text{ 节点是起点节点}） \tag{2-31}$$

$$ES_{i-j}=\max(ES_{h-i}+D_{h-i}) \quad （i \text{ 节点不是起点节点}） \tag{2-32}$$

$$EF_{i-j}=ES_{i-j}+D_{i-j} \tag{2-33}$$

2）工作的最迟开始时间（LS_{i-j}）和工作的最迟完成时间（LF_{i-j}）。工作的最迟开始时间就是指在不影响其紧后工作的前提下，本工作可以开始的最迟时间；工作的最迟完成时间就是指在不影响其紧后工作的前提下，本工作可以完成的最迟时间。工作的最迟完成时间应从网络计划的终点节点开始，逆着箭线的方向依次逐项计算。计算公式如下：

$$LF_{i-j}=F_{p} \quad （j \text{ 节点是终点节点}） \tag{2-34}$$

$$LF_{i-j}=\min(LF_{j-k}-D_{j-k}) \quad （j \text{ 节点不是终点节点}） \tag{2-35}$$

$$LS_{i-j}=LF_{i-j}-D_{i-j} \tag{2-36}$$

$$T_{c}=\max(EF_{i-n}) \quad （n \text{ 节点为终点节点}） \tag{2-37}$$

式中：T_{P}——网络计划的计划工期，其确定应按下列情况：当已规定要求工期 T_{r} 时，$T_{P} \leqslant T_{r}$；当未规定要求工期 T_{r} 时，$T_{P} \leqslant T_{C}$；

T_{C}——网络计划的计算工期。

3）工作的总时差（LF_{i-j}）。工作的总时差是指在不影响总工期的前提下，本工作可以利用的机动时间。其计算公式如下：

$$TF_{i-j}=LS_{i-j}=ES_{i-j} \tag{2-38}$$

$$TF_{i-j}=LF_{i-j}-EF_{i-j} \tag{2-39}$$

4）工作的自由时差（FF_{i-j}）。工作的自由时差是指在不影响其紧后工作最早开始的前提下，本工作可以利用的机动时间。其计算公式如下：

$$FF_{i-j}=T_{p}-EF_{i-j} \quad （j \text{ 节点是终点节点}） \tag{2-40}$$

$$FF_{i-j}=\min(ES_{j-k}-EF_{i-j}) \quad （j \text{ 节点不是终点节点}） \tag{2-41}$$

3. 关键工作和关键线路的确定

（1）关键工作的确定

网络计划中总时差最小的工作就是关键工作。当计划工期等于计算工期时，总时差为 0 的工作就是关键工作；当计划工期小于计算工期时，关键工作的总时差为负值，说明应采取更多措施以缩短计算工期；当计划工期大于计算工期时，关键工作的总时差为正值，说明计划已留有余地，进度控制就比较主动。

（2）关键线路的确定

网络计划中，自始至终全部由关键工作（必要时经过一些虚工作）组成或线路上总的工作持续时间最长的线路应为关键线路。将关键工作自左向右依次首尾相连而形成的线路就是关键线路。

关键线路可能不止一条。如果网络图中存在多条关键线路，则说明该网络图的关键工作较多，必须加强管理，严格控制，确保各项工作如期完成，保证总工期的按期完成，关键线路上的总的持续时间就是总工期 T。

三、单代号网络计划

单代号网络图，也叫做工作结点网络图，具有绘图简便、逻辑关系明确、便于修改等优点，目前在国内外受到普遍重视。

（一）单代号网络图的组成

单代号网络图是网络计划的另一种表示方法，它也是由箭线、节点和线路组成。但是，单代号网络图是以节点及其编号表示一项工作，以箭线表示工作之间的逻辑关系和先后顺序，如图 2-24 所示。用这种表示方法把一项计划中的工作按先后顺序和逻辑关系从左到右绘制而成的图形，称为单代号网络图。用单代号网络图表示的计划就称为单代号网络计划，如图 2-25 所示。

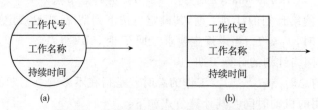

图 2-24　单代号网络图中节点的表示方法

1. 箭线

单代号网络图中的箭线表示紧邻工作之间的逻辑关系，既不消耗时间，也不消耗资源，与双代号网络计划中虚箭线的含义相同。箭线应画成水平直线、折线或斜线。箭线水平投影的方向应自左向右，表示工作的进行方向。箭线的箭尾节点编号应小于箭头节点的编号。单代号网络图中不设虚箭线。

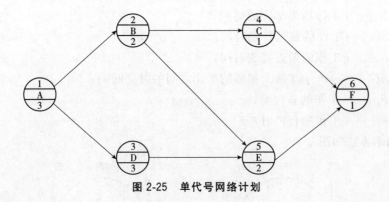

图 2-25　单代号网络计划

2. 节点

单代号网络图中,每一项工作用一个节点及其编号表示。该节点宜用圆圈或矩形表示,节点所表示的工作名称、持续时间和工作代号等应标注在节点之内,如图 2-24 所示。节点必须编号,此编号即该工作的代号,由于代号只有一个,故称"单代号"。节点编号标注在节点内,可以间断编号,但严禁重复编号。一项工作必须有唯一的一个节点和编号。

3. 线路

单代号网络图的线路与双代号网络图的线路的含义是相同的,即从网络计划的起始节点到结束节点之间的若干通道。其中,从网络计划的起始节点到结束节点之间持续时间最长的线路或由关键工作所组成的线路就为关键线路。

(二)单代号网络图的绘制

工作结点(单代号)网络图和工作箭线(双代号)网络图表达的计划内容是一致的,两者的区别仅在于绘图的符号不同。因此,双代号网络图的绘图规则,单代号网络图原则上都应遵守。所不同的是,工作结点网络图一般必须而且只需引进一个表示计划开始的虚结点和一个表示计划结束的虚结点,网络图中不再出现其他的虚工作。因此,画图时只要在工艺网络图上直接加上组织顺序的约束,就可得到生产网络图。

(三)单代号网络图时间参数的计算

单代号网络计划的时间参数有七个。除了包括与双代号网络计划中相同的六个工作时间参数以外,还有一个时间参数是相邻两个工作之间的时间间隔 LAG_{i-j}。单代号网络图时间参数的计算方法包括分析计算法、图上计算法、表上计算法等。

1. 工作时间参数的符号

ES_i——i 工作的最早开始时间;

EF_i——i 工作的最早完成时间；

LS_i——i 工作的最迟开始时间；

LF_i——i 工作的最迟完成时间；

LAG_{i-j}——$i-j$ 这两个相邻的工作之间的时间间隔；

TF_i——i 工作的总时差；

FF_i——i 工作的自由时差。

表示方法如图 2-26。

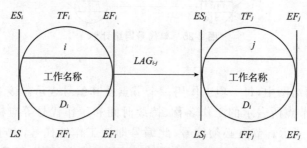

图 2-26 单代号网络图时间参数的图上表示

单、双代号网络计划的分析计算法是一样的。

2. 工作时间参数的计算

(1)最早开始时间(ES_i)和最早完成时间(EF_i)

单代号网络计划图有一个虚拟的起点节点，且持续时间为 0，那么此节点的最早开始时间和最早完成时间都为 0。其他节点(工作)的最早开始时间等于它的各紧前工作的最早完成时间的最大值。其计算公式如下：

$$ES_1 = 0(虚拟的起点节点) \tag{2-42}$$

$$EF_i = ES_i + D_i \tag{2-43}$$

$$ES_j = \max(ES_i + D_i) = \max(EF_i)(i < j) \tag{2-44}$$

(2)计算工作的最迟完成时间(LF_i)和最迟开始时间(LS_i)

单代号网络计划中工作的最迟完成时间等于其紧后工作最迟开始时间的最小值。其计算公式如下：

$$LF_n = ES = T_c(要求工期等于计算工期\ T_c) \tag{2-45}$$

$$LF_i = \min(LS_j)(i < j) \tag{2-46}$$

$$LS_j = LF_i - D_i \tag{2-47}$$

(3)计算相邻两项工作之间的时间间隔(LAG_{i-j})

相邻两项工作 i 和 j 之间的时间间隔等于紧后工作最早开始时间减去本工作的最早结束时间。其公式计算如下：

$$LAG_{i-j} = ES_j - EF_i(i < j) \tag{2-48}$$

（4）计算工作总时差（TF_i）

工作的总时差等于工作的最迟开始时间减去工作的最早开始时间，或者等于工作的最迟完成时间减去工作的最早完成时间。其计算公式如下：

$$TF_i = LS_i - ES_i \qquad (2-49)$$
$$TF_i = LF_i - EF_i \qquad (2-50)$$

（5）计算工作自由时差（FF_i）

与双代号网络图相同，工作的自由时差等于工作最早开始时间减去本工作最早结束时间，若紧后工作有两项以上，取最小值。其计算公式如下：

$$FF_i = T_p - EF_i (i\ \text{节点是终点节点}) \qquad (2-51)$$
$$\left. \begin{array}{l} FF_i = \min(ES_j - EF_{i-j})(i<j) \\ FF_i = \min(LAG_{i-j}) \end{array} \right\} \qquad (2-52)$$

（6）关键路线的确定

单、双代号网络计划关键线路的确定也与双代号网络计划一致。

（四）单、双代号网络计划图的比较

单代号网络图的绘制比双代号网络图更加方便，没有虚箭线和虚工作。具有便于说明，并且容易被非专业人员所理解和易于修改的优点。这对于推广应用统筹法编制工程进度计划，进行全面科学管理是有益的。

双代号网络图表示工程进度比用单代号网络图更为形象，特别是在应用带时间坐标的网络图中。双代号网络图采用电子计算机进行计算和优化，其过程更为便捷，这是因为双代号网络图中用两个代号代表一项工作，可直接反映其紧前或紧后工作的关系。而单代号网络图必须按工作逐个列出其紧前或紧后工作关系，这在计算机中需占用更多的存储单元。

由于单代号和双代号网络图有上述各自的优缺点，且两种表示法在不同的情况下表现的繁简程度是不同的。因此，单代号和双代号网络图是两种相互补充、各具特色的表现方法。

四、双代号时标网络计划

（一）双代号时标网络计划概述

前面所介绍的双代号网络计划通过标注在箭线下方的数字来表示工作持续时间，因此，在绘制双代号网络图时，并不强调箭线长短的比例关系，这样的双代号网络图必须通过计算各个时间参数才能反映出各个工作进展的具体时间情况，由于网络计划图中没有时间坐标，所以称其为非时标网络计划。如果将横道图中的时间坐标引入非时标网络计划，就可以很直观地从网络图中看出工作最早开始时间、自由时差以及总工期等时间参数，它结合了横道图与网络图的优点,应用起来更加方便、直观。我们称这种以时间坐标为尺度编制的网络计划为时标网络计划。

双代号时标网络计划由时标计划表和双代号网络图两部分组成。在时标计划表顶部或下部可单独或同时加注时标,时标单位可根据网络计划的具体需要确定为时、天、周、月或季等。

时标网络计划的特点如下:

(1)在时标网络计划中,箭线的水平投影长度表示工作的持续时间。

(2)可直接显示各工作的时间参数和关键线路,不必计算。

(3)由于受到时间坐标的限制,因此在时标网络计划中不会产生闭合回路。

(4)可以直接在时标网络图的下方绘出资源动态曲线,便于计划的分析和控制。

(5)由于箭线的长度和位置受时间坐标的限制,因而调整和修改不太方便。

(二)双代号时标网络计划的绘制

双代号时标网络计划主要有早时标网络和迟时标网络之分,通常有间接绘制法和直接绘制法两种。这里主要介绍早时标网络计划的间接绘制法。

早时标网络计划是指按节点的最早时间绘制的网络计划,间接绘制法就是指先计算出网络计划的时间参数,再根据时间参数在时间坐标上进行绘制的方法。具体的绘制步骤和方法如下:

(1)根据各工作之间的逻辑关系绘制双代号网络计划图,计算网络图的节点时间参数,确定工期。

(2)根据需要确定时间单位,并按照已确定的工期绘制出相应的时间坐标。通常,时间坐标标注在双代号网络计划的上方,并注明长度单位。

(3)根据以上所计算的网络图节点的最早时间,从起点节点开始将各节点逐个定位在相应的时间坐标的纵轴上。

(4)依次在相应工作的节点之间绘制出箭线长度和时差,并注意以下几点:

1)实箭杆水平投影长度必须与相应工作的持续时间相一致。

2)若引出箭杆长度无法直接与该工作的结束节点相连,则用水平波形线从箭线端部画至结束节点处。而波形线的水平投影长度,即为该工作的时差。

3)虚箭杆连接各有关节点,将有关的施工过程连接起来。在时标网络中,有时候会出现虚箭杆的水平投影长度不为 0,此时的水平投影长度就为该虚工作的时差。

(5)在已绘制的时标网络图中找出自始至终都没有出现波形线的线路,用双箭线或粗线表示,这条线路就是时标网络计划的关键线路。

五、网络计划的优化

网络计划的优化是指在满足具体约束条件下,通过对网络计划的不断调整处理,寻求最优网络计划方案,达到既定目标的过程。网络计划的优化分为工期优化、资源优化和费用优化三种。

(一)工期优化

工期优化是指网络计划的计算工期 T_c 不满足要求工期 T_r 时,在不改变网络计划各项工作之间逻辑关系的前提下,通过压缩关键工作的持续时间以满足要求工期目标的过程。

1. 缩短关键工作的持续时间应考虑的因素

(1)缩短对质量和安全影响不大的工作的持续时间。

(2)有充足备用资源的工作。

(3)缩短所需增加费用最少的工作的持续时间。

2. 工期优化的步骤

进行工期优化时,常遵循"向关键线路上的关键工作要时间"的原则,依照如下步骤进行:

(1)计算并找出网络计划的计算工期、关键线路及关键工作。

(2)按要求工期计算应缩短的持续时间。

(3)确定各关键工作能缩短的持续时间。

(4)按上述因素选择关键工作,压缩其持续时间,并重新计算网络计划的计算工期。

(5)当计算工期 T_c 仍然超过要求工期 T_r 时,则重复以上步骤,直至计算工期满足要求工期为止。

(6)当所有关键工作的持续时间都已达到其能缩短的极限而工期仍不能满足要求时,应对原组织方案进行调整或对要求工期 T_r 重新审定。

(二)资源优化

资源指的是为完成任务所需的人力、材料、机械设备和资金等。资源优化,是在工期固定的条件下设法使资源均衡,或在资源限制的条件下设法使工期最短。资源优化一般有两种方法:一种是"资源有限—工期最短";另一种是"工期固定—资源均衡"。

"资源有限—工期最短"的优化过程是调整计划安排,以满足资源限制条件,并使工期拖延最少的过程。

"工期固定—资源均衡"的优化过程是调整计划安排,在工期保持不变的条件下,使资源需用量尽可能均衡的过程。

网络计划的优化过程是一项非常复杂的过程,计算工作量巨大,用手工计算是很难实现的,随着计算机技术的快速发展,采用计算机专业软件,网络计划的优化工作已变成一项很容易的事情了。

(三)费用优化

费用优化,是指通过对不同工期及其相应工程费用的比较,寻求与工程费用最低相对应的最优工期。费用优化的步骤如下。

(1)按工作正常持续时间找出关键工作,确定关键线路;

(2)计算各项工作的费用率;

(3)在网络计划中找出费用率(或者组合费用率)最低的一项关键工作或一组关键工作,作为缩短持续时间的对象;

(4)缩短找出的关键工作或一组关键工作的持续时间,其缩短值必须符合不能压缩成非关键工作和缩短后其持续时间不小于最短持续时间的原则;

(5)计算相应增加的总费用;

(6)考虑工期变化带来的间接费及其他损益,在此基础上计算总费用;

(7)重复(3)~(6),直到总费用最低为止。

六、网络进度计划的控制

施工项目网络进度计划控制是指在规定的工期内,编制出最优的施工进度计划,在执行该计划的全过程中,经常检查施工实际情况,并将其与计划进度相比较分析,若出现偏差,就进行相应的调整,不断地如此循环,直至工程竣工验收。总之,网络计划控制是对整个网络计划不断地进行检查记录、分析和调整,贯穿于网络计划执行的全过程。

现场施工进度网络计划的检查,通常是在网络计划图上标志、记录实际进度,再与计划进度进行对比,通过分析,判断实际进度状况对未来的影响,从而为网络进度计划的调整提供信息和依据。网络计划检查的方法有实际进度前锋线法和"S"形曲线法等,这里只介绍前锋线法。

1. 用前锋线法检查记录

前锋线是指在原时标网络计划上,从检查时刻的时标点出发,用点画线依此将相邻的各项工作实际进度位置点连接而成的一条折线。

前锋线法就是通过实际进度前锋线与原进度计划中各工作箭线交点的位置来判断工作实际进度与计划进度的偏差,进而判定该偏差对后续工作及总工期影响程度的一种方法,主要适用于时标网络计划。

2. 前锋线法的步骤

（1）绘制前锋线

工程项目实际进度前锋线是在时标网络计划图上标示，为清楚起见，可在时标网络计划图的上方和下方各设一时间坐标。一般从时标网络计划图上方时间坐标的检查日期开始绘制，依次连接相邻工作的实际进展位置点，最后与时标网络计划图下方坐标的检查日期相连接，如图 2-27 所示。

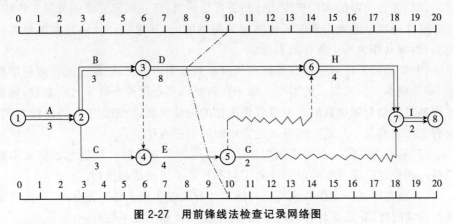

图 2-27　用前锋线法检查记录网络图

（2）比较实际进度与计划进度

前锋线可以直观地反映出检查日期有关工作实际进度与计划进度之间的关系。对某项工作来说，其实际进度与计划进度之间的关系可能存在以下三种情况：

1）工作实际进展位置点落在检查日期的左侧，则该工作实际进度拖后，拖后的时间为二者之差；

2）工作实际进展位置点与检查日期重合，则该工作实际进度与计划进度一致；

3）工作实际进展位置点落在检查日期的右侧，则该工作实际进度超前，超前的时间为二者之差。

通过实际进度与计划进度的比较确定进度偏差后，就可以根据工作的自由时差和总时差预测该进度偏差对后续工作及项目总工期的影响。

（3）网络计划的检查主要包括以下内容：

1）关键工作的进度；

2）检查非关键工作的进度以及尚可利用的时差；

3）检查实际进度对各项工作之间逻辑关系的影响。

3. 网络计划的调整

网络计划的调整时间一般应与网络计划的检查时间一致，调整的内容主要包括：关键线路长度的调整、非关键工作时差的调整、逻辑关系的调整、工作持续时间的调整以及资源投入的调整等。

(1)关键线路长度的调整方法可针对不同的情况而定。

①当关键线路的实际进度比计划进度提前时,若不拟提前工期,应选用资源占用量大或者直接费用高的后续关键工作,适当延长其持续时间,以降低其资源强度或费用;当确定要提前完成计划时,应将计划尚未完成的部分作为一个新计划,重新确定关键工作的持续时间,按新计划实施。

②当关键线路的实际进度比计划进度拖后时,应在尚未完成的关键工作中,选择资源强度小或费用低的工作缩短其持续时间,并重新计算未完成部分的时间参数,将其作为一个新计划实施。

(2)非关键工作时差的调整应在其时差的范围内进行,以便更充分地利用资源、降低成本或满足施工的需要。每一次调整后都必须重新计算时间参数,观察该调整对计划全局的影响。可以延长工作的持续时间,或缩短工作的持续时间,或将工作在其最早开始时间与最迟完成时间范围内移动。

(3)只有当实际情况要求改变施工方法或组织方法时才可进行逻辑关系的调整。调整时应避免影响原定计划工期和其他工作的顺利进行。

(4)当发现某些工作的原持续时间估计有误或实现条件不充分时,应重新估算其持续时间,并重新计算时间参数,尽量使原计划工期不受影响。

(5)当资源供应发生异常时,应采用资源优化方法对计划进行调整,或采取应急措施,使其对工期的影响降到最低。

第三章 建筑与市政工程施工组织总设计

第一节 施工组织总设计概述

施工组织总设计是以整个建设项目或建筑群为对象编制的,用以指导建设项目施工全过程的全局性、控制性和技术经济性的文件。它对整个建设项目实现科学管理、文明施工、取得良好的综合经济效益具有决定性的影响。它一般由建设总承包单位或大型工程项目经理部(或工程建设指挥部)的总工程师主持编制。

一、施工组织总设计的编制依据

施工组织总设计应以下列内容作为编制依据:

(1)与工程建设有关的法律、法规和文件;

(2)国家现行有关标准和技术经济指标;

(3)工程所在地区行政主管部门的批准文件,建设单位对施工的要求;

(4)工程施工合同或招标投标文件;

(5)工程设计文件;

(6)工程施工范围内的现场条件,工程地质及水文地质、气象等自然条件;

(7)与工程有关的资源供应情况;

(8)施工企业的生产能力、机具设备状况、技术水平等。

二、施工组织总设计的编制内容

施工组织总设计的内容视工程性质、规模、建筑结构的特点、施工的复杂程度、工期要求、施工条件、施工部署、施工方案、施工总进度计划、全场性施工准备工作计划等各项的不同而有所不同。通常包括以下内容:建设工程概况、施工部署、主要工程、单项工程的施工方案、全场施工准备工作计划、施工总进度计划、各项资源需要量计划、施工总平面图和主要技术经济指标等部分。

第二节　建筑工程施工组织总设计的编制要点与要求

市政工程施工组织总设计的编制要点与建筑工程类似,所以不再赘述。

一、工程概况

工程概况是对整个建设项目的总说明和总分析,是对拟建建设项目或建筑群所作的一个简单扼要、重点突出的文字介绍。在编制工程概况时,为了清晰易读,宜采用图表说明。一般包括项目主要情况和项目主要施工条件等。

(一)项目主要情况

项目主要情况应包括下列内容:

(1)项目名称、性质、地理位置和建设规模。

项目性质可分为工业和民用两大类,应简要介绍项目的使用功能;建设规模可包括项目的占地总面积、投资规模(产量)、分期分批建设范围等。

(2)项目的建设、勘察、设计和监理等相关单位的情况。

(3)项目设计概况。

简要介绍项目的建筑面积、建筑高度、建筑层数、结构形式、建筑结构及装饰用料、建筑抗震设防烈度、安装工程和机电设备的配置等情况。

(4)项目承包范围及主要分包工程范围。

(5)施工合同或招标文件对项目施工的重点要求。

(6)其他应说明的情况。

工程概况可附图进一步说明以下内容:

1)周边环境条件图。主要说明周围建筑物与拟建建筑的尺寸关系、标高、周围道路、电源、水源、雨污水管道及走向、围墙位置等;城市市政管网系统工程等。

2)工程平面图。可以看到建筑物的尺寸、功能及维护结构等;是合理布置施工总平面的要素。

3)工程结构剖面图。以此了解工程结构高度、楼层结构高度、楼层标高、基础高度及地板厚度等,是施工的依据。

一般情况下,应列出工程项目一览表、主要建筑物和构筑物一览表和工程主要项目工程量汇总表,其样式可参考表 3-1～表 3-3。

表 3-1　工程项目一览表

单项工程或单位工程名称	工程编号	工程内容	概算额/万元						备注
			合计	建筑工程费	安装工程费	设备费	工器具购置费	工程建设其他费用	

表 3-2　主要建筑物和构筑物一览表

序号	工程名称	建设结构特征 (或其示意图)	建筑面积(m²)	占地面积(m²)	建筑体积(m³)	备注

表 3-3　工程主要项目工程量汇总表

项目			单位	数量	备注
土方工程		场地平整	m²		
		开挖土方	m³		
		回填土方	m³		
防水工程		地下	m²		
		屋面	m²		
		卫生间	m²		
混凝土工程	地上	防水混凝土	m³		
		普通混凝土			
	地下	高强混凝土	m³		
		普通混凝土			
⋮					
模板工程		地上	m³		
		地下			
钢筋工程		地上	m³		
		地下			
砌体工程		地上	m³		
		地下			
装修工程		内檐	m³		
		外檐			
⋮					

(二)项目主要施工条件

项目主要施工条件应包括下列内容:

(1)项目建设地点气象状况。

简要介绍项目建设地点的气温、雨、雪、风和雷电等气象变化情况以及冬、雨期的期限和冬季土的冻结深度等情况。还可以进一步增加其余内容,如:海拔、日平均温度、极端最低温度、极端最高温度、最大冻结深度、年平均温度、室外风速、室外计算相对湿度、年降水量、风力、雷暴日数采暖期度日数等。

(2)项目施工区域地形和工程水文地质状况。

简要介绍项目施工区域地形变化和绝对标高,地质构造、土的性质和类别、地基土的承载力,河流流量和水质、最高洪水和枯水期的水位,地下水位的高低变化、含水层的厚度、流向、流量和水质等情况;还可以进一步增加内容如:场地的地层构造、岩石和土的物理力学性质、地下水的埋藏条件、土的冻结深度等的地质情况。

(3)项目施工区域地上、地下管线及相邻的地上、地下建(构)筑物情况。

建设单位在申请领取建设工程规划许可证前,应当到城建档案管理机构查询施工地段的地下管线工程档案,取得该施工地段地下管线现状资料。施工单位在地下管线工程施工前应当取得施工地段地下管线现状资料;施工中发现未建档的管线,应当及时通过建设单位向当地县级以上人民政府建设主管部门或者规划主管部门报告。

(4)与项目施工有关的道路、河流等状况。

(5)当地建筑材料、设备供应和交通运输等服务能力状况。

简要介绍建设项目的主要材料、特殊材料和生产工艺设备供应条件及交通运输条件。

(6)当地供电、供水、供热和通信能力状况。

根据当地供电、供水,供热和通信情况,按照施工需求,描述相关资源提供能力及解决方案。

(7)其他与施工有关的主要因素。

二、总体施工部署及施工进度总计划

(一)总体施工部署

1. 项目总体施工宏观部署

施工组织总设计应对项目总体施工做出下列宏观部署。

(1)确定项目施工总目标,包括进度、质量、安全、环境和成本等目标。

(2)根据项目施工总目标的要求,确定项目分阶段(期)交付的计划。

建设项目通常是由若干个相对独立的投产或交付使用的子系统组成;如大型工业项目有主体生产系统、辅助生产系统和附属生产系统之分,住宅小区有居住建筑、服务性建筑和附属性建筑之分;可以根据项目施工总目标的要求,将建设项目划分为分期(分批)投产或交付使用的独立交工系统;在保证工期的前提下,实行分期分批建设,既可使各具体项目迅速建成,尽早投入使用,又可在全局上实现施工的连续性和均衡性,减少暂设工程数量,降低工程成本。

(3)确定项目分阶段(期)施工的合理顺序及空间组织。

根据上款确定的项目分阶段(期)交付计划,合理地确定每个单位工程的开竣工时间,划分各参与施工单位的工作任务,明确各单位之间分工与协作的关系,确定综合的和专业化的施工组织,保证先后投产或交付使用的系统都能够正常运行。

2. 项目管理组织机构形式

总承包单位应明确项目管理组织机构形式,并宜采用框图的形式表示。

项目管理组织机构形式应根据施工项目的规模、复杂程度、专业特点、人员素质和地域范围确定,大中型项目宜设置矩阵式项目管理组织,远离企业管理层的大中型项目宜设置事业部式项目管理组织,小型项目宜设置直线职能式项目管理组织。

3. 新技术和新工艺

(1)对于项目施工中开发和使用的新技术、新工艺应做出部署。

(2)根据现有的施工技术水平和管理水平,对项目施工中开发和使用的新技术、新工艺应做出规划,并采取可行的技术、管理措施来满足工期和质量等要求。

(3)任何单位和个人不得超越范围应用限制使用的技术,不得应用禁止使用的技术。

(4)违反本规定应用限制或者禁止使用的落后技术并违反工程建设强制性标准的,依据《建设工程质量管理条例》进行处罚。

4. 对于项目施工的重点和难点应进行简要分析。

5. 对主要分包项目施工单位的资质和能力应提出明确要求。

(二)施工总进度计划

施工总进度计划是以一个建设项目或一个建筑群体为编制对象,用以指导整个建设项目或建筑群体施工全过程进度控制的指导性文件。它按照总体施工部署确定了每个单项工程、单位工程在整个项目施工组织中所处的地位,也是安排各类资源计划的主要依据和控制性文件。施工总进度计划由于施工的内容较多,施工工期较长,故其计划项目综合性强,较多关注控制性,很少关注作业性。施工总进度计划一般在总承包企业的总工程师领导下进行编制。

1. 编制依据、检查及调整

(1)施工总进度计划应依据施工合同、施工进度目标、有关技术经济资料,并按照总体施工部署确定的施工顺序和空间组织等进行编制。

（2）施工总进度计划表绘制完后，应进行检查。检查应从以下几方面进行：

1）是否满足进度计划或施工总承包合同对总工期以及起止时间的要求；

2）各个施工项目之间的搭接是否合理；

3）整个建设项目资源需求量动态曲线是否均衡；

4）主体工程与辅助工程、配套工程之间是否平衡。

（3）施工总进度计划的调整，就是通过改变若干工程项目的工期，提前或推迟某些工程项目的开竣工日期，即通过工期优化、工期费用优化和资源优化的方式实现的。

2. 施工总进度计划的内容

施工总进度计划的内容应包括：编制说明，施工总进度计划表（图），分期实施工程的开、竣工日期、工期一览表等。

施工总进度计划宜优先采用网络计划，网络计划应按本书第 2 章和国家现行标准《网络计划技术》GB/T 13400.1～3 及行业标准《工程网络计划技术规程》JGJ/T 121 的要求编制。

3. 施工总进度计划表示形式

施工总进度计划可采用网络图或横道图表示，并附必要说明。

4. 施工总进度计划编制步骤和方法

（1）列出工程项目一览表（表 3-1）并计算工程量。

先根据建设项目的特点划分项目，项目划分不宜过细，可按确定的主要工程项目的开展顺序排列，一些附属项目、辅助工程及临时设施可以合并列出。在工程项目一览表的基础上，估算各主要项目的实物工程量。

估算工程量可按初步设计（或扩大初步设计）图纸，并根据各种定额手册进行。常用的定额资料有以下几种：

1）每万元、10 万元投资工程量，劳动力及材料消耗扩大指标。

2）概算指标或扩大结构定额。

3）标准设计或已建的类似建筑物、构筑物的资料。

除了房屋外，还必须计算全工地性工程的工程量，如场地平整的土石方工程量、道路及各种管线长度等，这些可根据建筑总平面图来计算。

计算的工程量应填入表 3-3"工程主要项目工程量汇总表"中。

（2）确定各单位工程的施工期限。单位工程的施工期限应根据单位工程具体情况来确定，但总工期应控制在合同工期内。

（3）确定各单位工程开、竣工时间和相互搭接关系。

1）保证重点，兼顾一般。在安排进度时，要分清主次，抓住重点，同一时期施工的项目不宜过多,以免人力、物力分散。

2)对于工程规模较大、施工难度较大、施工工期较长以及需先配套使用的单位工程,应尽量安排先施工。

3)满足连续、均衡施工要求,尽量使劳动力和材料、机械设备消耗在全工地内均衡。

4)合理安排各期建筑物施工顺序,缩短建设周期,尽早发挥效益。

5)考虑季节影响,合理安排施工项目。

6)使施工场地布置合理。

7)全面考虑各种条件的限制。在确定各建筑物施工顺序时,还应考虑各种客观条件的限制,如施工企业的施工力量,原材料、机械设备的供应情况,设计单位出图的时间,投资数量等对工程施工的影响。

(4)编制施工总进度计划。

施工总进度计划是根据施工部署和施工方案,合理确定各单项工程的控制工期及它们之间的施工顺序和搭接关系的计划,应形成总(综合)进度计划表(表3-4)和主要分部分项工程流水施工进度计划表(表3-5)。

表3-4 施工总进度计划图

| 序号 | 工程名称 | 建筑指标 | | 设备安装指标(t) | 造价(万元) | | | 总劳动量(工日) | 进度计划 | |
		单位	数量		合计	建筑工程	设备安装		第一年 I II III IV	第二年

注:1. 工程名称的顺序应按生产、辅助、动力车间、生活福利和管网等次序填列。

2. 进度线的表达应按土建工程、设备安装工程和试运转,以不同线条表示。

表3-5 主要分部分项工程流水施工进度计划表

| 序号 | 单位工程和分部分项工程名称 | 工程量 | | 机械 | | 劳动力 | | | 施工持续天数(天) | 施工进度计划 年月 1 2 3 4 5 6 7 8 9 10 11 12 |
		单位	数量	机械名称	台班数量	机械数量	专业工种名称	总工日数	平均人数	

注:单位工程按主要项目填列,较小项目分类合并。分部分项工程只填列主要的,如土方包括竖向布置,并区分开挖与回填。砌筑包括砌砖与砌石。现浇混凝土与基础混凝土包括基础、框架、地面垫层混凝土。吊装包括装配式板材、梁、柱、屋架、砌块和钢结构。抹灰包括室内外装修、地面、屋面及水、电、暖、卫和设备安装。

三、总体施工准备与主要资源配置计划

(一)总体施工准备

总体施工准备应包括技术准备、现场准备和资金准备等。应根据施工开展顺序和主要工程项目施工方法,编制总体施工准备工作计划。

施工准备工作的内容主要有:场内外运输、施工用道路、水、电、气来源及其引入方案;场地的平整方案和全厂性的排水、防洪;生产生活基地;规划和修建附属生产企业;施工临时用房的确定;图纸会审;大型机械设备进场计划;原材料、成品半成品的来源、质量和进场计划;施工试验段的先期完成;做好现场测量控制网;对新结构、新材料、新技术组织试制和实验;编制施工组织设计和研究制定可靠的施工技术措施。

技术准备、现场准备和资金准备应满足项目分阶段(期)施工的需要。技术准备包括施工过程所需技术资料的准备、施工方案编制计划、试验检验及设备调试工作计划等;现场准备包括现场生产、生活等临时设施,如临时生产、生活用房,临时道路、材料堆放场,临时用水、用电和供热、供气等的计划;资金准备应根据施工总进度计划编制资金使用计划。

(二)主要资源配置计划

主要资源配置计划应包括劳动力配置计划和物资配置计划等。

1. 劳动力配置

劳动力配置计划是确定临时工程和组织劳动力进场的依据,应包括下列内容:

(1)确定各施工阶段(期)的总用工量;

(2)根据施工总进度计划,参照概(预)算定额或者有关资料,确定各施工阶段(期)的劳动力配置计划。将总进度计划表纵坐标方向上各单位工程同工种的人数叠加在一起并连成一条曲线,即成为某工种的劳动力动态图。根据劳动力动态图,可列出主要工种劳动力配置计划表(表 3-6)。

表 3-6 主要工种劳动力配置计划表

序号	工程名称	施工高峰需要人数	年				年				现有人数	多余(+)或不足(-)
			一季	二季	三季	四季	一季	二季	三季	四季		

注:1. 工种名称除生产工人外,应包括附属辅助用工(如机修、运输、构件加工、材料保管等)以及服务用工。

2. 表下应附分季度的劳动力动态曲线(纵轴表示人数,横轴表示时间)。

2. 物资配置计划

（1）作用及注意事项

物资配置计划的作用是材料和构配件等落实组织货源、签订供应合同、确定运输方式、编制运输计划、组织进场、确定暂设工程规模的依据。特别要以表格的形式确定计划，安排各种材料、构件及半成品的进场顺序、时间和堆放场地。可参考表 3-7、表 3-8。

表 3-7　主要材料需求计划表

序号	工程项目	水泥 (t)	木材 (m³)	钢筋 (t)	型钢 (t)	砌块 (m³)	……
合计							

表 3-8　主要材料、构件和半成品的进场计划

序号	材料名称	规格	单位	需求量	材料进场计划							
					××年				××年			
					一	二	三	四	一	二	三	四

（2）物资配置计划应包括下列内容：

1）根据施工总进度计划确定主要工程材料和设备的配置计划。

①根据各工种工程量汇总表所列各建筑物和构筑物的工程量，查万元定额或概算指标便可得出各建筑物或构筑物所需的建筑材料、构件和半成品的需要量。

②根据总进度计划表，大致估计出某些建筑材料在某季度的需求量，从而编制出建筑材料、构件和半成品的需求量计划。

2）根据总体施工部署和施工总进度计划确定主要施工周转材料和施工机具的配置计划。

物资配置计划应根据总体施工部署和施工总进度计划确定主要物资的计划总量及进、退场时间。物资配置计划是组织建筑工程施工所需各种物资进、退场的依据，科学合理的物资配置计划既可保证工程建设的顺利进行，又可降低工程成本。

施工机具的配置计划除为组织机械供应外,还可为施工用电、选择变压器容量等的计算和确定停放场地面积的依据。

施工机具的配置计划内容包括:

①主要施工机械,如塔吊、挖土机、起重机等的需求量,并套用机械产量定额求得;

②根据运输量确定运输机械的需求量;

③最后编制施工机具需求计划。

主要施工机具、设备需求计划表格可参考表 3-9。

表 3-9　主要施工机具、设备需求计划表

序号	机具名称	规格	单位	需求量	来源	进场时间	备注

四、主要施工方案(施工方法)

施工组织总设计应对项目涉及的单位(子单位)工程和主要分部(分项)工程所采用的施工方法进行制定并简要说明。这些工程通常是建筑工程中工程量大、施工难度大、工期长,对整个项目的完成起关键作用的建(构)筑物以及影响全局的主要分部(分项)工程。制定主要工程项目施工方法的目的是为了进行技术和资源的准备工作,同时也为了施工进程的顺利开展和现场的合理布置,对施工方法的确定要兼顾技术工艺的先进性和可操作性以及经济上的合理性。

对脚手架工程、起重吊装工程、临时用水用电工程、季节性施工等专项工程所采用的施工方法应进行简要说明。

对下列达到一定规模的危险性较大的分部分项工程编制专项施工方案:

基坑支护与降水工程;土方开挖工程;模板工程;起重吊装工程;脚手架工程;拆除、爆破工程;国务院建设行政主管部门或者其他有关部门规定的其他危害性较大的工程。

另外,对季节性施工如冬雨期施工措施等应予以说明。

雨期应注意:防潮,管线防锈,防腐蚀,土建装修防浸泡、防冲刷,施工中防触电,防雷击,并制订相应的排水防汛措施。

冬期施工注意:尽可能减少湿作业量,幕墙施工结构打胶、管道打压、电缆敷设、防水、油漆等工作应安排在正温进行,对必须施工的项目,应提前做好蓄热保温。

五、主要管理计划

(一)一般规定

1. 施工管理计划的内容

(1)施工管理计划应包括进度管理计划、质量管理计划、安全管理计划、环境管理计划、成本管理计划以及其他管理计划等内容。

(2)可根据工程的具体情况加以取舍。各项管理计划的制定,应根据项目的特点有所侧重。

2. 在施工组织设计中的位置

在编制施工组织设计时,各项管理计划可单独成章,也可穿插在施工组织设计的相应章节中。

(二)进度管理计划

项目施工进度管理应按照不同项目施工的技术规律和合理的施工顺序,保证各工序在时间上和空间上顺利衔接。以达到保证质量、安全施工、充分利用空间、争取时间、实现经济合理安排进度的目的。进度管理计划的内容如下。

(1)对项目施工进度计划进行一系列从总体到细部、从高层次到基础层次的逐级分解,一直分解到在施工现场可以直接调度控制的分部(分项)工程或施工作业过程为止,通过阶段性目标的实现保证最终工期目标的完成。

(2)建立施工进度管理的组织机构并明确职责,制定相应管理制度。

(3)针对不同施工阶段的特点,制定进度管理的相应措施,包括施工组织措施、技术措施和合同措施等。

(4)建立施工进度动态管理机制,及时纠正施工过程中的进度偏差,并制定特殊情况下的赶工措施。

(5)根据项目周边环境特点,制定相应的协调措施,减少环境扰民、交通组织和偶发意外等外部因素对施工进度的影响。

(三)质量管理计划

1. 质量管理计划的编制依据

质量管理计划可参照《质量管理体系要求》GB/T 19001,在施工单位质量管理体系的框架内编制。可以独立编制质量计划,也可以在施工组织设计中合并编制质量计划的内容。质量管理应按照 PDCA 循环模式,加强过程控制,通过持续改进提高工程质量。另外还可依据以下内容:

(1)工程承包合同、设计图纸及相关文件;

（2）企业的质量管理体系文件及其对项目部的管理要求；

（3）国家和地方相关的法律、法规、技术标准、规范及有关施工操作规程；

（4）施工组织设计、专项施工方案。

2. 质量管理计划编制的要求

项目质量计划是将质量保证标准、质量管理手册和程序文件的通用要求与项目质量联系起来的文件，应保持与现行质量文件要求的一致性。项目质量计划应高于且不低于通用质量体系文件所规定的要求。应在项目策划过程中由项目经理组织编制，经审批后作为对外质量保证和对内质量控制的依据。

项目质量计划应明确所涉及的质量活动，并对其责任和权限进行分配；同时应考虑相互间的协调性和可操作性。应体现从检验批、分项工程、分部工程到单位工程的过程控制，且应体现从资源投入到完成工程质量最终检验和试验的全过程管理与控制要求。施工企业应对质量计划实施动态管理，及时调整相关文件并监督实施。

3. 质量管理计划应包括的内容

（1）按照项目具体要求，尽可能地量化和层层分解到最基层，确定质量目标及阶段性目标。质量目标不低于工程合同明示的要求，质量指标应具有可测量性。

（2）建立项目质量管理的组织机构并明确重要岗位的职责，与质量有关的各岗位人员应具备与职责要求匹配的相应知识、能力和经验。

（3）制定符合项目特点的技术保障和资源保障措施，通过可靠的预防控制措施，保证质量目标的实现。

这些措施包含但不局限于：原材料、构配件、机具的要求和检验，主要的施工工艺、主要的质量标准和检验方法，夏期、冬期和雨期施工的技术措施，关键过程、特殊过程、重点工序的质量保证措施，成品、半成品的保护措施，工作场所环境以及劳动力和资金保障措施等；

（4）按质量管理八项原则中的过程方法要求，将各项活动和相关资源作为过程进行管理，建立质量过程检查、验收以及质量责任制等相关制度，对质量检查和验收标准做出规定，采取有效的纠正和预防措施，保障各工序和过程的质量。并对质量事故的处理做出相应规定。

质量管理计划应包括的主要内容可参考以下内容。

（1）编制依据

（2）项目概况

（3）质量目标和要求

（4）质量管理组织和职责

(5)人员、技术、施工机具等资源的需求和配置

(6)场地、道路、水电、消防、临时设施规划

(7)影响施工质量的因素分析及其控制措施

(8)进度控制措施

(9)施工质量检查、验收及其相关标准

(10)突发事件的应急措施

(11)对违规事件的报告和处理

(12)应收集的信息及传递要求

(13)与工程建设有关方的沟通方式

(14)施工管理应形成的记录

(15)质量管理和技术措施

(16)施工企业质量管理的其他要求。

(四)成本管理计划

1. 编制依据

成本管理计划应以项目施工预算和施工进度计划为依据编制。

2. 成本管理计划应包括的内容

(1)根据项目施工预算,制定项目施工成本目标;

(2)根据施工进度计划,对项目施工成本目标进行阶段分解;

(3)建立施工成本管理的组织机构并明确职责,制定相应管理制度;

(4)采取合理的技术、组织和合同等措施,控制施工成本;

(5)确定科学的成本分析方法,制定必要的纠偏措施和风险控制措施。

3. 成本与进度、质量等的关系

必须正确处理成本与进度、质量、安全和环境等之间的关系。总的来说,应该在保证进度、保证质量、保证安全的和保护环境的前提下,尽量节俭成本。不能片面强调成本节约,而造成工期拖延、质量问题等,不但会使企业支出巨额违约金,还会影响企业信誉。

(五)绿色施工管理计划

绿色施工是指工程建设中,在保证质量、安全等基本要求的前提下,通过科学管理和技术进步,最大限度地节约资源与减少对环境负面影响的施工活动,实现节能、节地、节水、节材和环境保护(四节一环保)。绿色施工应对整个施工过程实施动态管理,加强对施工策划、施工准备、材料采购、现场施工、工程验收等各阶段的管理和监督。

1. 环境保护技术要点

经调查统计,建筑施工产生的尘埃占城市尘埃总量的30%以上,此外建筑施工还在噪声、水污染、土污染等方面带来较大的负面影响,所以环保是绿色施工中一个显著的问题。施工单位应采取有效措施,降低环境负荷,保护地下设施和文物等资源。

2. 节材与材料资源利用技术要点

节材是针对我国工程界的现状而必须实施的重点问题。

(1)合理安排材料的采购、进场时间和批次,减少库存;审核节材与材料资源利用的相关内容,降低材料损耗率;就地取材,装卸方法得当,防止损坏和遗撒;避免和减少二次搬运。

(2)推广使用商品混凝土和预拌砂浆、高强钢筋和高性能混凝土。推广钢筋专业化加工和配送,优化钢结构制作和安装方案,装饰贴面类材料在施工前进行总体排版策划。采用非木质的新材料或人造板材代替木质板材。

(3)门窗、屋面、外墙等围护结构选用耐候性及耐久性良好的材料,施工确保密封性、防水性和保温隔热性,并减少材料浪费。

(4)选用耐用、维护与拆卸方便的周转材料和机具。模板应以节约自然资源为原则,推广采用外墙保温板替代混凝土施工模板的技术。

(5)现场办公和生活用房采用周转式活动房。现场围挡应最大限度地利用已有围墙,或采用装配式可重复使用围挡封闭。尽量使工地临建房、临时围挡材料的可重复使用。

3. 节水与水资源利用的技术要点

施工中采用先进的节水施工工艺。

(1)现场搅拌用水、养护用水应采取有效的节水措施,严禁无措施浇水养护混凝土。现场机具、设备、车辆冲洗用水必须设立循环用水装置。

(2)项目临时用水应使用节水型产品,对生活用水与工程用水确定用水定额指标,并分别计量管理。

(3)现场机具、设备、车辆冲洗、喷洒路面、绿化浇灌等用水,尽量不使用市政自来水。尽量提高施工中非传统水源和循环水的再利用量。

(4)保护地下水环境。采用隔水性能好的边坡支护技术。在缺水地区或地下水位持续下降的地区,基坑降水尽可能少地抽取地下水;当基坑开挖抽水量大于50万 m^3 时,应进行地下水回灌,并避免地下水被污染。

4. 节能与能源利用的技术要点

(1)根据当地气候和自然资源条件,充分利用太阳能、地热等可再生能源。

(2)制定合理施工能耗指标,提高施工能源利用率。

(3)优先使用国家、行业推荐的节能、高效、环保的施工设备和机具。合理安排工序,提高各种机械的使用率和满载率,降低各种设备的单位耗能。优先考虑耗用电能的或其他能耗较少的施工工艺。

(4)临时设施宜采用节能材料,墙体、屋面使用隔热性能好的材料,减少夏天空调、冬天取暖设备的使用时间及耗能量。临时用电优先选用节能电线和节能灯具,照明设计以满足最低照度为原则,照度不应超过最低照度的20%。合理配置采暖、空调、风扇数量,规定使用时间,实行分段分时使用,节约用电。

(5)施工现场分别设定生产、生活、办公和施工设备的用电控制指标,定期进行计量、核算、对比分析,并有预防与纠正措施。

5. 节地与施工用地保护的技术要点

(1)应对深基坑施工方案进行优化,减少土方开挖和回填量,最大限度地减少对土地的扰动,保护周边自然生态环境。

(2)临时设施的占地面积应按用地指标所需的最低面积设计。要求平面布置合理、紧凑,在满足环境、职业健康与安全及文明施工要求的前提下尽可能减少废弃地和死角,临时设施占地面积有效利用率大于90%。施工总平面布置应做到科学、合理,充分利用原有建筑物、构筑物、道路、管线为施工服务。

(3)红线外临时占地应尽量使用荒地、废地,少占用农田和耕地。利用和保护施工用地范围内原有的绿色植被。

(4)施工现场道路按照永久道路和临时道路相结合的原则布置。施工现场内形成环形通路,减少道路占用土地。

6. 发展绿色施工的新技术、新设备、新材料与新工艺

(1)施工方案应建立推广、限制、淘汰公布制度和管理办法。发展适合绿色施工的资源利用与环境保护技术,对落后的施工方案进行限制或淘汰,鼓励绿色施工技术的发展,推动绿色施工技术的创新。

(2)大力发展现场监测技术、低噪声的施工技术、现场环境参数检测技术、自密实混凝土施工技术、清水混凝土施工技术、建筑固体废弃物再生产品在墙体材料中的应用技术、新型模板及脚手架技术的研究与应用。

(3)加强信息技术应用,如绿色施工的虚拟现实技术、三维建筑模型的工程量自动统计、绿色施工组织设计数据库建立与应用系统、数字化工地、基于电子商务的建筑工程材料、设备与物流管理系统等。通过应用信息技术,进行精密规划、设计、精心建造和优化集成,实现与提高绿色施工的各项指标。

(六)其他管理计划

其他管理计划宜包括绿色施工管理计划、防火保安管理计划、合同管理计划、组织协调管理计划、创优质工程管理计划、质量保修管理计划以及对施工现场人力资源、施工机具、材料设备等生产要素的管理计划等。

各项管理计划的内容应有目标,有组织机构,有资源配置,有管理制度和技术、组织措施等。可根据项目的特点和复杂程度加以取舍。特殊项目的管理可在上述管理计划的基础上增加相应的其他管理计划,以保证建筑工程的实施处于全面的受控状态。

另外,安全管理计划、环境管理计划等参见第六章。

六、施工现场总平面图布置

施工总平面是用来表示合理利用整个施工现场的周密规划和布置,是按照施工部署、施工方案和施工总进度的要求,将施工现场的道路交通、材料仓库或堆场、附属企业或加工厂、临时房屋、临时水电动力管线等的合理布置,以图纸形式表现出来,从而正确处理全工地施工期间所需各项设施和永久建筑、拟建工程之间的空间关系,以指导现场进行有组织有计划的施工。

(一)施工总平面布置应符合的原则和要求

1. 施工总平面布置应符合的原则

(1)平面布置科学合理,施工场地占用面积少。

(2)合理组织运输,减少二次搬运。

(3)施工区域的划分和场地的临时占用应符合总体施工部署和施工流程的要求,减少相互干扰。

(4)充分利用既有建(构)筑物和既有设施为项目施工服务,降低临时设施的建造费用。

(5)临时设施应方便生产和生活,办公区、生活区和生产区宜分离设置。

(6)符合节能、环保、安全和消防等要求。

(7)遵守当地主管部门和建设单位关于施工现场安全文明施工的相关规定。

2. 施工总平面布置图应符合的要求

(1)根据项目总体施工部署,按照项目(分批)施工计划绘制现场不同施工阶段(期)的总平面布置图。

(2)施工总平面布置图的绘制应符合国家相关标准要求并附必要说明。

一些特殊的内容,如现场临时用电、临时用水布置等,当总平面布置图不能清晰表示时,也可单独绘制平面布置图。平面布置图绘制应有比例关系,各种临设应标注外围尺寸,并应有文字说明。

(二)施工总平面布置图的编制依据和应包括的内容

1. 施工总平面布置图的编制依据

施工总平面布置图的编制依据主要有设计资料、已调查收集到的地区资料、施工部署和主要工程的施工方案、施工总进度计划、各种材料、构件、加工品、施工机械和运输工具需要量一览表、构件加工厂、仓库等临时建筑一览表等。

其中,设计资料主要包括建筑总平面图、竖向设计图、地貌图、区域规划图、建设项目范围内有关的一切已有和拟建的地下管网位置图等。调查收集的地区资料主要包括建筑企业情况,材料和设备情况,交通运输条件,水、电、蒸汽等条件,社会劳动力和生活设施情况,可能参加施工的各企业力量状况等。

2. 施工总平面布置图应包括的内容

(1)项目施工用地范围内的地形状况;

(2)全部拟建的建(构)筑物和其他基础设施的位置和尺寸;

(3)项目施工用地范围内的加工设施、运输设施、存贮设施、供电设施、供水供热设施、排水排污设施、临时施工道路和办公、生活用房等;

(4)施工现场必备的安全、消防、保卫和环境保护等设施;

(5)相邻的地上、地下既有建(构)筑物及相关环境。

现场所有设施、用房应由总平面布置图表述,尽量避免采用文字叙述的方式。

(三)施工总平面图的设计步骤和方法

设计步骤如下:

引入场外交通道路→仓库布置→加工厂和混凝土搅拌站布置→厂内运输道路布置→行政与生活福利临时建筑布置→临时水、电管网和其他动力设施布置→正式施工总平面图绘制。

1. 引入场外交通道路

设计全工地施工总平面图时,应考虑大宗材料、成品、半成品、设备等进入工地的运输方式,考虑转弯半径和坡度限制。当场外运输主要采用公路运输方式时,可以先将仓库、加工厂等生产性临时设施布置在最经济合理的地方,再布置通向场外的公路。

2. 仓库布置

仓库一般应接近使用地点,其纵向宜与交通线路平行,装卸时间长的仓库不应靠路边太近。

(1)水泥库和沙石堆场应布置在搅拌站附近。砖、石和预制构件应布置在垂直运输设备工作范围内,靠近用料地点。基础用块石堆场,应离坑沿一定距离,以免压塌边坡。钢筋、木材应布置在加工厂附近。

(2)工具库布置在加工区与施工区之间交通方便处,零星、小件、专用工具库可分设于各施工区段。车库、机械站应布置在现场入口处。油料、氧气、电石库应在边沿、人少的安全处;易燃材料库要设置在拟建工程的下风向。

(3)一般材料仓库应邻近公路和施工区,并应有适当的堆场。当有铁路时,宜沿路布置周转库和中心库。

3. 加工厂和混凝土搅拌站的布置

总的原则是应使材料和构件的货运量小,有关联的加工厂适当集中。一般加工厂宜集中布置在同一个地区,且多处于工地边缘。各种加工厂应与相应的仓库或材料堆场布置在同一地区。

(1)混凝土输送设备足够的话,混凝土搅拌宜集中布置,或现场不设搅拌站而使用商品混凝土;混凝土输送设备可分散布置在使用地点附近或起重机旁。临时混凝土构件预制厂尽量利用空地。

(2)钢筋加工厂宜设在混凝土预制构件厂及主要施工对象附近;木材加工厂的原木、锯材堆场应靠铁路、公路或水路沿线;锯材、成材、粗细木工加工间和成品堆场要按工艺流程布置,且设在施工区的下风向边缘。

(3)沥青熬制、生石灰熟化、石棉加工厂等,由于产生有害气体污染空气,一般应从场外运来,必须在场内设置时,应设在下风向,且不危害当地居民。

4. 场内运输道路布置

规划这些道路的原则是应确保在任何情况下,不致形成交通阻塞。另外还应充分利用拟建的永久性道路系统,提前修建路基及简单路面,作为施工所需的临时道路。道路的宽度和转弯半径要足够。

5. 行政与生活福利临时建筑的布置

对于各种生活与行政管理用房,应尽量利用建设单位的生活基地或现场附近的其他永久性建筑,不足部分另行修建临时建筑物。

一般全工地性行政管理用房宜设在全工地入口处,以便对外联系,也可设在工地中部,便于全工地管理。工人用的福利设施应设置在工人较集中的地方或工人必经之路。食堂尽量设在生活区。

6. 临时水、电管网和其他动力设施布置

(1)过冬的临时水管,须埋在冰冻线以下或采取保温措施。

（2）排水沟沿道路布置，纵坡不小于 0.2%，过路处须设涵管，在山地建设时应有防洪设施。

（3）临时水池、水塔应设在用水中心和地势较高处。管网一般沿道路布置，供电线路应避免与其他管道设在同一侧，主要供水、供电管线采用环状，孤立点可设枝状。

（4）临时总变电站应设在高压线进入工地处，避免高压线穿过工地。临时自备发电设备应设置在现场中心或靠近主要用电区域。

（5）管线空路处均要套以铁管，并埋入地下 0.6m 处。

（6）室外消火栓应在在建工程、临时用房和可燃材料堆场及其加工厂均匀布置，消火栓离在建工程、临时用房和可燃材料堆场及其加工厂的外边线不小于 5m，消火栓间距不大于 120m，最大保护半径不大于 150m。

（7）各种管道布置的最小净距应符合有关规定。

（四）施工总平面图的绘制及管理

1. 施工总平面图的绘制

（1）确定图幅大小和绘图比例。

一般可选用 1～2 号图纸，比例一般采用 1：1000 或 1：2000。

（2）合理规划和设计图面。

应留出一定的空余图面绘制指北针、图例及文字说明等。

（3）绘制建筑总平面图的有关内容。

将现场测量的方格网，现场内外已建的房屋、构筑物、道路和拟建工程等，按正确的内容绘制在图面上。

（4）绘制工地临时设施。

根据布置要求及面积计算，将道路，仓库，加工厂和水、电管网等临时设施绘制到图面上去。对复杂的工程，必要时可采用模型布置。

2. 施工总平面图的科学管理

应建立统一的施工总平面图管理制度。严格控制材料、构件、机具等物资占用的位置、时间和面积，不准乱堆乱放。不得随意挖路断道，不得擅自拆迁建筑物和水电线路，当工程需要断水、断电、断路时要申请，经批准后方可着手进行。

对施工总平面布置实行动态管理。在布置中，由于特殊情况或事先未预料到的情况需要变更原方案时，应根据现场实际情况，统一协调，修正其不合理的地方。做好现场的清理和维护工作，经常检修各种临时性设施，明确负责部门和人员。

第三节　施工组织总设计实例

一、某高层建筑施工组织设计目录(标前)

1. 综合说明

1.1　编制原则和编制依据

1.2　本工程执行的主要技术标准和要求

2. 工程概况

2.1　工程建设概况一览表

2.2　施工重点和难点分析

3. 施工部署和施工总体方案

3.1　施工部署

3.2　施工原则及顺序

3.3　施工总体方案

4. 施工准备工作

4.1　调查研究、收集有关施工资料

4.2　物资准备

4.3　人员准备

4.4　技术准备

4.5　施工现场准备

5. 测量工程方案

5.1　测量组织机构和测量仪器设备的选用

5.2　建立场区控制网

5.3　测量放线和沉降观测控制

6. 基坑和桩基础工程主要施工技术方案

6.1　基坑围护与土方开挖专项方案

6.2　基坑支护施工

6.3　基坑开挖和降水

6.4　基坑监测

7. 地下室结构工程主要施工技术方案

7.1　基槽开挖和垫层施工

7.2　地下室底板施工

7.3　地下室结构、现浇楼板和楼梯

7.4　人防工程

7.5　地下室防水施工

8. 上部主体结构工程施工技术方案

8.1　钢筋工程

8.2　模板工程

8.3　混凝土工程

8.4　加气混凝土砌块施工

8.5　屋顶网架工程

8.6　钢结构空间走廊施工

8.7　屋面防水及外墙防渗漏施工

8.8　塔吊基础专项施工技术方案

9. 安装工程施工技术方案

9.1　给排水安装工程施工方案

9.2　电气安装工程施工方案

9.3　消防给水安装工程

9.4　消防电气安装工程

10. 装饰装修工程施工技术方案

10.1　楼地面工程

10.2　墙柱面工程

10.3　天棚工程

10.4　油漆、涂料、裱糊工程

10.5　幕墙工程

11. 施工进度计划和工期保证措施

11.1　施工进度管理目标

11.2　影响工程进度的因素分析

11.3　施工进度计划保证措施

11.4　施工进度计划的管理和控制

11.5　施工进度双代号网络计划图

12. 施工现场平面布置

12.1　场地分析和布置内容

12.2　施工现场围挡、场地硬化和道路布置

12.3　生产生活临时设施布置及临时用地表

12.4　施工机械布置

12.5　施工临时用水、用电设计

二、广东某高档购物中心施工组织设计目录(标后)

1.5　主要工程量清单

2. 项目部机构组成

2.1　现场组织管理机构设置

2.2　公司总部与现场管理部门的关系

2.3　公司总部对现场组织机构的授权范围

2.4　项目经理部的组成及部门职责

3. 施工总体部署及施工准备

3.1　工程实现目标

3.2　施工总体部署

3.3　施工准备及相关计划

4. 工程进度计划及保证措施

4.1　工程进度计划编制说明

4.2　工程进度计划及工期控制点

4.3　分包计划

4.4　施工进度计划管理制度

4.5　施工进度计划管理办法

4.6　施工进度计划保证措施

4.7　各施工阶段工期合理性分析及保证措施

4.8　进度偏差纠正措施

5. 劳动力与材料、设备计划

5.1　劳动力资源配置计划

5.2　主要周转材料配置计划

5.3　主要机械设备资源配置计划

6. 施工总平面布置、管理及交通运输策划

6.1　施工总平面布置原则

6.2　场地整体规划

6.3　各阶段总平面布置

6.4　大型施工设备的布置

6.5　交通运输策划

6.6　施工与消防水的计算与布置

6.7　施工用电的计算与布置

6.8　总平面管理

6.9　各阶段总平面布置图和生活区平面布置

7. 土建施工组织方案、施工部署及施工工艺

7.1　土建工程的施工部署

7.2　定位测量方案

7.3　施工监测

7.4　降水系统维护

7.5　验槽及土方工程

7.6　钢筋工程

7.7　模板工程及支撑体系计算

7.8　高大模板支撑架设计及计算

7.9　混凝土工程

7.10　底板混凝土施工

7.11　超长无缝混凝土结构施工

7.12　后浇带施工

7.13　预防混凝土碱-集料反应的措施

7.14　人防工程

7.15　预应力工程

7.16　型钢混凝土施工

7.17　水池结构施工

7.18　脚手架工程及计算书

7.19　砌筑工程

7.20　防水工程

7.21　建筑屋面工程

7.22　超大面积混凝土地面施工

7.23　抗拔桩桩头的防水处理

7.24　塔吊穿楼板的施工措施

7.25　装饰工程

7.26　幕墙工程

8. 机电工程施工组织方案及主要施工工艺

8.1　机电各阶段施工安排

8.2　机电预留预埋

9. 型钢混凝土及钢结构工程主要施工工艺

9.1　型钢混凝土结构施工流程

9.2　型钢混凝土结构浇筑方法

9.3　钢结构深化设计

9.4　钢结构制作及安装

第四章 建筑与市政工程单位工程施工组织设计

单位工程施工组织设计是以单位工程为对象编制的,是规划和指导单位工程从施工准备到竣工验收全过程施工活动的技术经济文件,是施工组织总设计的具体化,也是施工单位编制季度、月份施工计划,分部(分项)工程施工方案,以及劳动力、材料、机械设备等供应计划的主要依据。它编制得是否合理对能否中标和取得良好的经济效益起着重要作用。

第一节 单位工程施工组织设计概述

一、单位工程施工组织设计的编制依据

单位工程施工组织设计的编制依据如下:

(1)招标文件或合同文件;

(2)设计文件:设计图纸和各类勘察资料及设计说明等资料;

(3)预算文件提供的工程量和预算成本数据;

(4)国家相关技术规范、标准、技术规程、建筑法规及规章制度,行业规程及企业的技术资料;

(5)施工所在地的地方规定及政府文件;

(6)图纸会审资料;

(7)建设单位对该工程项目的有关要求;

(8)施工现场水、电、道路、原材料渠道等调查资料;

(9)上级领导指示精神和有关文件;

(10)企业质量体系标准文件;

(11)企业技术力量和机械设备情况;

(12)施工组织总设计的相关要求及其他有关参考资料。

二、单位工程施工组织设计的编制内容

1. 工程概况

工程概况是对工程特点、地点特征和施工条件等所作的简要、重点突出的文

字介绍。工程特点主要是针对工程的优、缺点,结合调查资料,进行分析研究,找出关键性问题加以说明,对新材料、新工艺及施工难点加以着重说明。地点特征主要反映拟建工程的位置、地形、地质、水质、气温、主导风向、风力和地震烈度等特征。

2. 施工条件

拟建工程场地七通一平情况;当地交通运输条件,各种资源供应条件,特别是运输能力和方式;施工单位机械、机具、设备、劳动力的落实情况,特别是技术工种、数量的平衡情况;施工现场大小及周围环境情况;项目管理条件、内部承包方式以及现场临时设施、供水、供电问题的解决办法等。

3. 施工方案的选择

施工方案包括确定总的施工顺序及确定施工流向,主要分部分项工程的划分及其施工方法的选择,施工段的划分,施工机械的选择,技术组织措施的拟定等。施工方案的合理与否直接影响着工程的施工效率、工程质量、工期及技术经济效果。因此,必须给予足够的重视。

4. 施工进度计划

施工进度计划主要包括划分施工过程,计算工程量、劳动量、机械台班量、施工班组人数、每天工作班次、工作持续时间,确定分部分项工程(施工过程)施工顺序及搭接关系,绘制进度计划表等。

单位工程施工组织设计还有其他内容,比如施工准备工作、劳动力、物资资源等需要量及加工供应计划;施工平面图;保证质量、安全及降低成本的技术组织措施;主要技术经济指标等。

其中,施工方案、施工进度计划和施工平面图最为关键。在单位工程施工组织设计中,应着力研究筹划,以期达到科学合理适用。对于一般常见的建筑结构类型且规模不大的单位工程,施工组织设计可编制的简单一些,主要内容有施工方案、施工进度计划和施工平面图,并辅以简要说明。

第二节　建筑工程单位工程施工组织设计的编制要点与要求

一、工程概况

单位工程施工组织设计中的工程概况是对拟建工程的主要情况、各专业设计简介和工程施工条件等的一个简洁、明了、突出重点的文字介绍。在描述时可以加入拟建工程平面图、剖面图及表格等以图表的形式进行补充说明。

1. 工程概况

主要说明拟建工程的建设单位,工程名称,工程概况、性质、用途、资金来源及工程投资额,开竣工的日期,设计单位,施工单位(包括施工总承包和分包单位),施工图纸情况,施工合同,主管部门的有关文件或要求,组织施工的指导思想等。其表格样式可参考表 4-1。

表 4-1　总体简介

序号	项目	内容
1	工程名称	
2	工程地址	
3	建设单位	
4	设计单位	
5	监理单位	
6	质量监督单位	
7	安全监督单位	
8	施工总承包单位	
9	施工主要分包单位	
10	投资来源	
11	合同承包范围	
12	结算方式	
13	合同工期	
14	合同质量目标	
15	其他	

2. 工程设计概况

依据施工图纸对工程各专业设计进行综合说明,主要介绍以下几个方面情况。

(1)建筑设计简介。主要说明拟建工程的建筑规模、建筑功能、建筑特点、建筑耐火、防水及节能等情况及室内外的装修情况,并附平面、立面、剖面简图。

(2)结构设计简介。主要说明结构形式、基础的类型、构造特点和埋置深度;抗震设防的烈度,抗震等级以及主要结构构件类型及要求等。

(3)设备安装设计简介。主要说明建筑采暖卫生与煤气工程、建筑电气安装工程、通风空调工程、电气安装工程、智能化系统、电梯等各个专业系统的设计做法要求。

其表格样式可参考表 4-2～表 4-4。

表 4-2 建筑设计简介

序号	项目	内容			
1	建筑功能				
2	建筑特点				
3	建筑面积	总建筑面积		占地面积(m²)	
		地下建筑面积(m²)		地上建筑面积(m²)	
		标准层建筑面积(m²)			
4	建筑层数	地上		地上	
5	建筑层高	地下部分层高(m)	地下 1 层		
			地下 N 层		
		地上部分层高(m)	首层		
			标准层		
			设备层		
			机房、水箱间		
6	建筑高度	±0.000 绝对标高(m)		室内外高差(m)	
		基底标高(m)		最大基坑深度(m)	
		檐口标高(m)		建筑总高(m)	
7	建筑平面	横轴编号	X 轴～x 轴	纵轴编号	X 轴～x 轴
		横轴距离(m)		纵轴距离(m)	
8	建筑防火				
9	墙面保湿				
10	外装修	檐口			
		外墙装修			
		门窗工程			
		层面工程	上人屋面		
			不上人屋面		
		主入口			
11	内装修	顶棚工程			
		地面工程			
		内墙装修			
		门窗工程	普通门		
			特种门		
12	防水工程	楼梯			
		公用部分			
		地下			
		屋面	厨房间		
		厕浴间			
13	建筑节能				
14	其他说明				

表 4-3　结构设计简介

序号	项目	内容	
1	结构形式	基础结构形式	
		主体结构形式	
		屋盖结构形式	
2	基础埋置深度土质、水位	基础埋置深度	
		基底以上土质分层情况	
		地下水位标高	地下承压水
			滞水层
			设防水位
		地下水水质	
3	地基	持力层以下土质类别	
		地基承载力	
		地基渗透系数	
4	地下防水	混凝土自防水	
		材料防水	
5	混凝土强度等级及抗渗要求	（部位）	（C15）
		（部位）	（Cn）
		（部位）	
6	抗震等级	工程设防烈度	
		剪力墙抗震等级	
		框架抗震等级	
7	钢筋类别	非预应力筋及等级	HPB235 级
			HRB335 级
			HRB400 级
		预应力筋及紧拉方式或类别	
8	钢筋接头形式	机械连接（冷挤压、直螺纹）	
		焊接	
		搭接绑扎	
9	结构断面尺寸	基础底板厚度（mm）	
		外墙厚度（mm）	
		内墙厚度（mm）	
		柱断面厚度（mm×mm）	
		梁断面厚度（mm×mm）	
		楼板厚度（mm×mm）	
10	主要柱网间距		
11	楼梯、坡道结构形式	楼梯结构形式	
		坡道结构形式	

（续）

序号	项目	内容
12	结构转换层	设置位置 结构形式
13	后浇带设置	
14	变形缝设置	
15	结构混凝土工程预防碱集料反应管理类别及有害物质环境质量要求	
16	人防设置等级	
17	建筑物沉降观测	
18	二次围护结构	
19	特殊结构	（钢结构、网架、预应力）
20	构件最大几何尺寸	
21	室外水池、化粪池埋置深度	
22	其他说明	

表 4-4　机电及设备安装专业设计简介

序号	项目	设计要求	系统做法	管线类别
1	给排水系统	给水 排水 雨水 热水 饮用水 消防水		
2	消防系统	消防 排烟 报警 监控		
3	空调通风系统	空调 通风 冷冻 采暖 燃气		

（续）

序号	项目		设计要求	系统做法	管线类别
4	电力系统	照明			
		动力			
		弱电			
		避雷			
		电梯			
5	设备安装	扶梯			
		配电柜			
		水箱			
		污水泵			
		冷却塔			
6		通信			
		音响			
		电视电缆			
7		庭院、绿化			
		楼宇清洁			
8	采暖	集中供暖			
		自供暖			
9	设备最大规格与重量				

3. 工程施工概况

（1）建设地点的特征。主要说明拟建工程的位置、地形，工程地质条件，冬、雨期期限，冻土深度，地下水位、水质，气温，主导风向、风力和地震烈度等特征。

（2）施工条件。主要说明拟建工程"三通一平"情况（建设单位提供水、电源及管径、容量及电压），现场临时设施，现场周边的环境，施工场地的大小，地上、地下各种管线的位置，当地交通运输的条件，预制构件的生产及供应情况，预拌混凝土供应情况，施工企业、机械、设备和劳动力的落实情况，劳动力的组织形式和内部承包方式等。

（3）工程施工特点。简要描述单位工程的施工特点和施工中的关键问题，以便在选择施工方案，组织资源供应，技术力量配备以及施工组织上采取有效的措施，保证顺利进行。例如，砖混结构住宅建筑的施工特点是：砌筑和抹灰工程量大等。框架及框架剪力墙结构建筑的施工特点是：模板、钢筋和混凝土工作量大等。

二、施工部署

1. 施工部署的内容

施工部署是对整个建设项目或单位工程的施工全局,做出的统筹规划和全面安排,即对应项全局性的重大战略部署做出决策。内容通常包括:

(1)确定工程开展程序;

(2)施工任务划分与组织安排:明确施工项目管理体制、机构;划分各参与施工单位的任务;确定综合的和专业化的施工组织;划分施工阶段;

(3)施工方案及机械化施工方案的拟定:施工机械的类型和数量;选择辅助配套或运输机械;所选机械化施工方案应是技术先进、经济上合理;

(4)施工准备工作计划:场内外运输、施工用道路、水、电、气来源及其引入方案;场地的平整方案和全厂性的排水、防洪;生产生活基地;规划和修建附属生产企业;做好现场测量控制网;对新结构、新材料、新技术组织试制和实验;编制施工组织设计和研究制定可靠的施工技术措施。

2. 工程施工目标

工程施工目标应根据施工合同、招标文件以及本单位对工程管理目标的要求确定,包括进度、质量、安全、环境和成本等目标。各项目标应满足施工组织总设计中确定的总体目标。当单位工程施工组织设计作为施工组织总设计的补充时,其各项目标的确立应同时满足施工组织总设计中确立的施工目标。

3. 进度安排和空间组织

施工部署中的进度安排和空间组织应符合下列规定:

(1)工程主要施工内容及其进度安排应明确说明,施工顺序应符合工序逻辑关系。对本单位工程的主要分部(分项)工程和专项工程的施工做出统筹安排,对施工过程的里程碑接点进行说明。

(2)施工流水段应结合工程特点及工程量等具体情况分阶段进行合理划分,并应说明划分依据及流水方向,确保均衡流水施工。

单位工程施工阶段的划分一般包括地基基础、主体结构、装修装饰和机电设备安装三个阶段。

4. 施工的重点和难点

对于工程施工的重点和难点应进行分析,包括组织管理和施工技术两个方面。

工程的重点和难点对于不同工程和不同企业具有一定的相对性,某些重点、难点工程的施工方法可能已通过有关专家论证成为企业工法或企业施工工艺标准,此时企业可直接引用。重点、难点工程的施工方法选择应着重考虑影响整个单位工程的分部(分项)工程,如工程量大、施工技术复杂或对工程质量起关键作用的分部(分项)工程。

5. 工程管理的组织机构

工程管理的组织机构形式应按照第三章第二节第二条的相关规定执行,并确定项目经理部的工作岗位设置及其职责划分。

6."四新"的应用

对于工程施工中开发和使用的新技术、新工艺应做出部署,对新材料和新设备的使用应提出技术及管理要求。从事新技术推广应用的有关人员应当具有一定的专业知识,或者接受相应的专业技术培训,掌握相关的知识和技能,具有较丰富的实践经验。

7. 分包工程施工单位

对主要分包工程施工单位的选择要求及管理方式应进行简要说明。

三、施工进度计划

单位工程施工进度计划是以一个单位工程为编制对象,在项目总进度计划控制目标的原则下,用以指导单位工程施工全过程进度控制的指导性文件。由于它所包含的施工内容比较具体明确,施工期较短,故其作业性较强,是进度控制的直接依据。单位工程开工前,由项目经理组织,在项目技术负责人领导下进行编制。可采用网络图或横道图表示,并附必要说明。对于工程规模较大或较复杂的工程,宜采用网络图表示。

(一)施工进度计划的编制依据

(1)经过审批的建筑总平面图及单位工程全套施工图,以及地质地形图、工艺设计图、设备及其基础图,采用的各种标准图集等图纸及技术资料。

(2)施工组织总设计对本单位工程的有关规定。施工工期要求及开、竣工日期。

(3)施工条件、劳动力、材料、构件及机械的供应条件,分包单位的情况,施工定额等。

(4)主要分部(分项)工程的施工方案,包括施工程序、施工段划分、施工流程、施工顺序、施工方法、技术组织措施等。

(5)其他有关要求和资料,如工程合同等。

(二)施工进度计划的编制程序

单位工程施工进度计划的编制程序如图 4-1 所示。

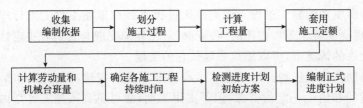

图 4-1 单位工程施工进度计划编制程序

其中,初始方案编制完成后,应检查该初始方案的工期是否符合要求,劳动力机械是否均衡,材料是否超过供应限值等。

(三)施工进度计划的编制内容和步骤

1. 划分施工过程

首先应按施工图纸和施工顺序,按照下述的要求,把拟建工程分解为若干个施工过程,再进行有关内容的计算和设计。

(1)施工过程划分的粗细程度。

对于控制性施工进度计划,其施工过程的划分可以粗一些,一般可按分部工程划分施工过程。例如:开工前准备、桩基础工程、基础工程、主体结构工程、屋面防水工程、装饰工程等。

对于指导性施工进度计划,其施工过程的划分可以细一些,要求每个分部工程所包括的主要分项工程均应一一列出,起到指导施工的作用。

(2)施工过程划分不宜太细,应简明清晰。

1)一些次要的施工过程应合并到主要施工过程中去,如基础防潮层可合并到基础施工过程内。

2)有些虽然重要但是工程量不大的施工过程也可与相邻的施工过程合并,如油漆和玻璃安装可合并为一项。

3)同一时期由同一工种施工的施工项目也可合并在一起。

(3)施工过程的划分应考虑施工工艺和施工方案的要求。

比如,现浇钢筋混凝土施工,一般可分为支模、绑扎钢筋、浇筑混凝土等施工过程。一般现浇钢筋混凝土框架结构的施工应分别列项,而且可分得细一些,如绑扎柱钢筋、安装柱模板、浇捣柱混凝土、安装梁、板模板、绑扎梁、板钢筋、浇捣梁、板混凝土、养护、拆模等施工过程。但是在现浇钢筋混凝土工程量不大的工程中,一般不再细分,可合并为一项,如砌体结构工程中的现浇雨篷、圈梁等,即可列为一项,由施工班组的各工种互相配合施工。

(4)明确施工过程对施工进度的影响程度。

根据施工过程对工程进度的影响程度可分为三类:资源驱动的施工过程、辅助性施工过程和无法控制性施工过程。

1)资源驱动的施工过程。这类施工过程直接在拟建工程上进行作业(如墙体砌筑、现浇混凝土等),占用时间、资源,对工程的完成与否起着决定性的作用,在条件允许的情况下,可以缩短或延长它的工期。

2)辅助性施工过程。这类施工过程一般不占用拟建工程的工作面,虽需要一定的时间和消耗一定的资源,但不占用工期,故可不列入施工计划内,如交通运输、场外构件加工或预制等。

3)无法控制性施工过程。指的是施工过程虽直接在拟建工程上进行作业,但它的工期不以人的意志为转移,随着客观条件的变化而变化,应根据具体情况将它列入施工计划,如混凝土的养护等。

施工过程划分和确定之后,应按前述施工顺序列出施工过程(分部分项工程)一览表(表 4-5)。

表 4-5　分部分项工程一览表

项次	分部分项工程名称	项次	分部分项工程名称
一	地下室工程	4	壁板吊装
1	挖土	⋮	⋮
2	混凝土垫层		
3	回填土		
二	大模板主体结构工程		

2. 计算工程量

施工过程确定以后,就该计算每个施工过程的工程量了。工程量应根据施工图纸、工程量计算规则及相应的施工方法进行计算。如果施工图预算已经编制,一般可以采用施工图预算的数据,但有些项目应根据实际情况做适当的调整。计算工程量时应注意以下几个问题。

(1)注意工程量的计算单位。直接利用预算文件中的工程量时,应使各施工过程的工程量计算单位与所采用的施工定额的单位一致,以便在计算劳动量、材料量、机械台班数时可直接套用定额。

(2)工程量计算应结合所选定的施工方法和所制定的安全技术措施进行,以使计算的工程量与施工实际相符。

(3)工程量计算时应按照施工组织要求,分区、分段、分层进行计算。

3. 套用建筑工程施工定额

确定了施工过程及其工程量之后,即可套用建筑工程施工定额,即当地实际采用的劳动定额及机械台班定额,以确定劳动量和机械台班量。在套用国家或当地颁布的定额时,必须注意结合本单位工人的技术等级、实际操作水平、施工机械情况和施工现场条件等因素,确定定额的实际水平,使计算出来的劳动量、机械台班量等符合实际需要。

4. 计算劳动量和机械台班量

若某施工过程的工程量为 Q,则该施工过程所需劳动量或机械台班量可由式(4-1)进行计算:

$$P = \frac{Q}{S} \text{或} P = Q \times H, H = \frac{1}{S} \tag{4-1}$$

式中:P——某施工过程所需劳动量,工日或机械台班量;

$\quad Q$——施工过程工程量;

$\quad S$——施工过程的产量定额;

$\quad H$——施工过程的时间定额。

当某一施工过程由同一工种、不同做法和不同材料的若干分项工程合并组成时,应按以下公式计算其综合产量定额,再求其劳动量。

$$S' = \frac{\sum\limits_{i=1}^{n} Q_i}{\sum\limits_{i=1}^{n} P_i} \tag{4-2}$$

$$\sum_{i=1}^{n} P_i = P_1 + P_2 + \cdots + P_n = \frac{Q_1}{S_1} + \frac{Q_2}{S_2} + \cdots + \frac{Q_n}{S_n} \tag{4-3}$$

$$\sum_{i=1}^{n} Q_i = Q_1 + Q_2 + \cdots + Q_n \tag{4-4}$$

式中:S'——某施工项目加权平均产量额定;

$\sum\limits_{i=1}^{n} P_i$——该施工项目总劳动量;

$\sum\limits_{i=1}^{n} Q_i$——该施工项目总工程量。

某些施工项目无法查询定额时,可参照类似项目或进行实测来确定。水、暖、电、备安装等工程项目,在编制施工进度计划时,一般不计算劳动量或机械台班量,仅表示出与一般土建单位工程进度相配合的关系。

5. 确定工作班制

通常采用一班制生产,有时因工艺要求或施工进度的需要,也可采用两班制或三班制连续作业,如浇筑混凝土即可三班连续作业。

6. 确定各施工过程的持续时间

施工过程持续时间的确定方法有三种:经验估算法、定额计算法和倒排计划法,详见第 2 章有关流水施工原理中时间参数的计算部分。

7. 编制施工进度计划的初始方案

编制施工进度计划的初始方案时,必须考虑各分部分项工程合理的施工顺序,尽可能按流水施工进行组织与编制,力求使主要工种的施工班组连续施工,并做到劳动力、资源计划的均衡。以横道图为例,编制方法与步骤如下:

(1)根据施工经验直接安排方法。这种方法是根据经验资料及有关计算,直接在进度表上画出进度线。其步骤一般是:安排主导施工过程的施工进度,组织主导施工过程流水施工,连续施工;安排其余施工过程,它应尽可能配合主导施工过程并最大限度地搭接,形成施工进度计划的初步方案。

(2)按工艺组合组织流水的施工方法。这种方法就是先按各施工过程(即工艺组合流水)初排流水进度线,然后将各工艺组合最大限度地搭接起来。无论采用上述哪一种方法编排进度,都应注意以下问题。

①每个施工过程的施工进度线都应用横道粗实线段表示(初排时可用铅笔细线表示,待检查调整无误后再加粗)。

②每个施工过程的进度线所表示的时间(天)应与计算确定的持续时间一致。

③每个施工过程的施工起止时间应根据施工工艺顺序及组织顺序确定。

8. 施工进度计划初始方案的检查与调整

(1)检查各个施工过程的先后顺序是否合理,主导施工过程是否最大限度的进行流水与搭接施工,其他的施工过程与主导施工过程是否相配合,是否影响到主导施工过程的实施,以及各施工过程中的技术组织间歇时间是否满足工艺及组织要求,如有错误之处,应给予调整或修改。

(2)检查与调整施工工期,应该满足规定的工期和合同中的要求。否则需重新修改施工进度计划。

(3)劳动消耗的均衡性可用劳动力均衡性系数 K 进行评价:

$$K = \frac{\text{最高峰施工期间工人人数}}{\text{施工期间每天平均工人人数}} \tag{4-5}$$

最理想的情况是 K 接近于 1,在 2 以内为好,超过 2 则不正常。

(4)主要施工机械通常是指混凝土搅拌机、灰浆搅拌机、自行式起重机、塔式起重机等,在编制的施工进度计划中,要求机械利用程度高,可以充分发挥机械效率,节约资金。

四、施工准备

单位工程施工组织设计的施工准备及资源配置计划与施工组织总设计相

比,项目划分更细、内容更具体,其指导性、实施性的要求更高。施工准备应包括技术准备、现场准备、资金准备和施工条件准备等。

1. 技术准备

技术准备应包括施工所需技术资料的准备、施工方案编制计划、试验检验及设备调试工作计划、样板制作计划等;

(1)主要分部(分项)工程和专项工程在施工前应单独编制施工方案,施工方案可根据工程进展情况,分阶段编制完成;对需要编制的主要施工方案应制定编制计划;

(2)试验检验及设备调试工作计划应根据现行规范、标准中的有关要求及工程规模、进度等实际情况制定;

(3)样板制作计划应根据施工合同或招标文件的要求并结合工程特点制定。

2. 现场准备

现场准备应根据现场施工条件和工程实际需要,准备现场生活等临时设施。做好施工现场土地征用及拆迁工作,做好五通一平工作。对施工设备进行调试和就位,确定施工的入口等。

3. 资金准备

资金准备应根据施工进度计划编制资金使用计划。

4. 施工条件准备工作

(1)先期开工的分部分项工程所需劳动力、材料、设备就位。

(2)与政府相关部门接洽,办理相关手续。

(3)向监理公司提交开工申请报告。

五、主要施工方案(施工方法)

施工方案与施工方法是单位工程施工组织设计的核心问题,是单位工程施工组织设计中带有决策性的重要环节,是决定整个工程全局的关键。施工方案的合理与否,直接影响到工程进度、施工平面布置、施工质量、安全生产和工程成本等。单位工程应按照《建筑工程施工质量验收统一标准》GB 50300 中分部、分项工程的划分原则,对主要分部、分项工程制定施工方案。对脚手架工程、起重吊装工程、临时用水用电工程、季节性施工等专项工程所采用的施工方案应进行必要的验算和说明。

一般来说,施工方案的设计包括:确定施工流向和施工程序,确定各施工过程的施工顺序,主要分部分项工程的施工方法和施工机械选择,单位工程施工的流水组织,主要的技术组织措施等。

(一)确定施工流向

施工流向是指一个单位工程(或施工过程)在平面上或空间上开始施工的部位及其进展方向。其要解决的问题是一个建筑物(构筑物)在空间上的合理施工顺序问题。在确定施工流向时应考虑以下几个因素。

(1)生产工艺流程。一般对生产工艺上影响其他工段试车投产或生产使用上要求急的工段、部位先安排施工,如工业厂房内要求先试车生产的工段应先施工。

(2)建设单位对生产和使用的要求。如高层宾馆、饭店等,可以在主体结构施工到一定层数后,即进行地面上若干层的设备安装与室内外装修。

(3)技术复杂、工期长的区段先行施工。如高层框架结构先施工建筑主楼部分,后施工群房部分。

(4)工程现场条件和施工方法、施工机械。如在选定了挖土机械和垂直运输机械后,这些机械的开行路线或布置位置就决定了基础挖土和结构吊装的施工起点流向。

(5)房屋的高低层或高低跨和基础的深浅。在高低跨并列的单层工业厂房结构安装中,柱的吊装从并列处开始;在高低跨并列的多层建筑中,层数高的区段常先施工;屋面防水层施工应按先高后低的方向施工,同一屋面则由檐门到屋脊方向施工;基础有深浅时,应按先深后浅的顺序施工。

(6)施工组织的分层分段。在确定施工流向的分段部位时,应尽量利用建筑物的伸缩缝、沉降缝、抗震缝、平面有变化处和留槎接缝不影响结构整体性的部位,且应使各段工程量大致相等。

(7)分部分项工程的特点及其相互关系。如一般基础工程由施工机械和方法决定其平面的施工起点流向;主体结构从平面上看,一般从哪一边先开始都可以,但竖向一般应自下而上施工;装饰工程竖向的施工起点流向比较复杂,室外装饰一般采用自上而下的流向,室内装饰则可采用自上而下、自下而上、自中而下再自上而中三种流向。

(二)确定施工程序

施工程序是指单位工程中各分部工程或施工阶段的先后次序和其制约关系,主要是解决时间搭接上的问题。一般来说,单位工程必须遵循"先地下后地上"、"先土建后设备"、"先主体后围护"、"先结构后装修"的原则。特殊情况下,也可以不必遵循。

(三)确定施工顺序

施工顺序是指各施工过程之间施工的先后次序。在确定施工顺序时,既要满足施工的客观规律,也要合理解决好工种之间在时间上的搭接问题。

1. 确定施工顺序的原则

(1)符合施工工艺的要求

在确定施工顺序时,应着重分析该施工对象各施工过程的工艺关系。工艺关系是指施工过程与施工过程之间存在的相互依赖、相互制约关系。例如,建筑物现浇楼板的施工过程先后顺序是:支模板→绑扎钢筋→浇混凝土→养护→拆模。

(2)与施工方法协调一致

比如,在装配式单层工业厂房的施工中,如果采用分件吊装法,施工顺序是先吊柱,再吊梁,最后吊一个节间的屋架和屋面板。

(3)考虑施工组织顺序的要求

在建造某些重型车间时,如果先建造厂房,然后再建造设备基础,由于这种车间内通常都有较大、较深的设备基础,因此可能会破坏厂房的柱基础,在这种情况下,必须先进行设备基础的施工,然后再进行厂房柱基础的施工,或者两者同时进行。

(4)考虑施工质量的要求

比如必须等找平层干燥后才能进行屋面防水施工,否则将影响防水工程的质量。

(5)考虑当地气候条件

与施工有关的气候一般是指雨季和冬季。雨季和冬季到来之前,应先做完室外各项施工过程,为室内施工创造条件;冬季施工时,可先安装门窗玻璃,再做室内地面和墙面抹灰。

(6)考虑安全施工的要求

比如应在每层结构施工之前搭好脚手架。

2. 确定总的施工顺序

一般工业和民用建筑总的施工顺序为:基础、主体工程、屋面防水工程、装饰工程。

3. 施工顺序的分析

按照房屋各分部工程的施工特点,施工顺序一般分为地下工程、主体结构工程、装饰与屋面工程三个阶段。一些分项工程通常采用的施工顺序如下。

(1)地下工程

1)浅基础的施工顺序为:清除地下障碍物→软弱地基处理(需要时)→挖土→垫层→砌筑(或浇筑)基础→回填土。

2)钢筋混凝土基础施工顺序为：支撑模板→绑扎钢筋→浇筑混凝土→养护→拆模。当基础开挖较大、地下水位较高时，则须在挖土前进行土壁支护及降水工作。

3)桩基础的施工顺序为：打桩（或灌注桩）→挖土→垫层→承台→回填土。承台的施工顺序与钢筋混凝土浅基础类似。

（2）主体结构

主体结构常用的结构形式有混合结构、装配式钢筋混凝土结构、现浇钢筋混凝土结构（框架、剪力墙、筒体）等。

1)混合结构标准层的施工顺序为：弹线→砌筑墙体→浇过梁及圈梁→板底找平→安装楼板（浇筑楼板）。

2)现浇框架、剪力墙、筒体等结构的标准层的施工顺序为：弹线→绑扎墙体钢筋→支墙体模板→浇筑墙体混凝土→拆除墙模→搭设楼面模板→绑扎楼面钢筋→浇筑楼面混凝土。

（3）一般装饰及屋面工程

一般的装饰及屋面工程包括抹灰、勾缝、饰面、喷浆、门窗扇安装、玻璃安装、油漆、屋面找平、屋面防水层等。装饰工程没有严格一定的顺序。

卷材屋面防水层的施工顺序为：铺保温层（如需要）→铺找平层→刷冷底子油→铺卷材→撒绿豆砂。

（四）选择施工方法与施工机械

正确地选择施工方法和施工机械是施工组织设计的关键，它直接影响着施工进度、工程质量、施工安全和工程成本。

1．施工方法的选择

选择施工方法时，应满足主导施工过程的施工方法的要求，满足施工技术的要求，符合机械化程度的要求，符合先进、合理、可行、经济的要求，满足工期、质量、成本和安全的要求。

2．施工机械的选择

大型机械设备的选择主要是选择施工机械的型号和数量。

（1）大型机械设备选择时，应考虑以下情况

1)根据工程特点，选择适宜主导工程的施工机械。比如，工程量比较分散时，宜采用无轨自行式起重机械；工程量大且集中时，可选择生产效率高的塔式起重机或桅杆式起重机。

2)施工机械之间的生产能力应配套。比如，挖土机与运土汽车的配套协调，使挖土机能充分发挥其生产效率。

3)种类和型号应尽可能少,且尽可能使所选择的机械设备一机多用。便于管理、操作与维护。

4)尽可能选择施工单位现有的机械。

(2)大型机械设备的选择表

各种机械型号、数量确定之后,可汇总成表,如表4-6所示。

表4-6　大型机械设备选择

项目	大型机械名称	机械型号	主要技术参数	数量	进、退场日期
基础阶段					
结构阶段					
装修阶段					

(五)主要技术组织措施

技术组织措施是指为保证质量、安全、进度、成本、环保、建筑节能、季节性施工、文明施工等,在技术和组织方面所采用的方法。应在严格执行施工验收规范、检验标准、操作规程等前提下,针对工程施工特点,制订既行之有效又切实可行的措施。

1. 技术措施

技术措施主要有施工方法的特殊要求和工艺流程,水下和冬、雨季施工措施,技术要求和质量安全注意事项,材料、构件和机具的特点、使用方法和需用量等。

2. 质量措施

质量措施主要有确定定位放线、标高测量等准确无误的措施,确定地基承载力和各种基础、地下结构施工质量的措施,严格执行施工和验收规范,按技术标准、规范、规程组织施工和进行质量检查,将质量要求层层分解,落实到班组和个人,实行定岗操作责任制、三检制,强调执行质量监督、检查责任制和具体措施,推行全面质量管理在建筑施工中的应用。

3. 安全措施

安全措施包含的主要内容有保证土石方边坡稳定的措施,明确使用机电设备和施工用电的安全措施,特别是焊接作业时的安全措施,防止吊装设备、打桩设备倒塌措施,季节性安全措施,如雨季的防洪、防雨,暑期的防暑降温,冬季的防滑、防火等措施,施工现场周围的通行道路和居民保护隔离措施。另外,严格执行安全生产法规,在施工前要有安全交底,保证在安全条件下施工,保证安全施工的组织措施,加强安全教育,明确安全施工生产责任制。

4. 降低成本措施

降低成本措施主要有合理进行土石方平衡;综合利用吊装机械,减少吊次;提高模板精度,采用整装整拆,加速模板周转;在混凝土、砂浆中掺加外加剂或掺合剂;采用先进的钢筋连接技术;正确贯彻执行劳动定额,加强定额管理;严格执行定额领料制度和回收、退料制度,实行材料承包制度和奖罚制度。

(六)施工方案评价

施工方案评价是从技术和经济的角度,进行定性和定量分析,从而选取技术先进可行、质量可靠、经济合理的最优方案。施工方案的评价主要从定性和定量两方面分析。

定性分析主要包括施工操作的难易程度、安全性、可靠性,冬期、雨期对施工的影响,所选施工机械的供应是否可能。施工方案的定量分析主要包括以下几个指标。

(1)施工机械化程度

$$施工机械化程度 = \frac{机械完成实物量}{全部实物量} \times 100\% \tag{4-6}$$

(2)主要材料节约指标

$$主要材料节约量 = 预算用量 - 计划用量 \tag{4-7}$$

$$主要材料节约率 = \frac{主要材料节约量}{预算用量} \times 100\% \tag{4-8}$$

(3)降低成本指标

$$降低成本额 = 预算成本 - 计划成本 \tag{4-9}$$

$$降低成本率 = \frac{降低成本额}{预算成本} \times 100\% \tag{4-10}$$

(4)单位建筑面积劳动消耗量

$$单位建筑面积劳动消耗量 = \frac{完成该工程的全部劳动工日数}{该工程建筑面积} \times 100\%$$

$$\tag{4-11}$$

一般情况下,机械化水平高,则单位建筑面积劳动消耗量越小,总劳动量成本越低。但并不意味着总成本越低,应综合考虑。除特殊情况外,宜尽量选择机械化水平高的施工方案。

六、主要管理计划

参见第三章第二节的相关内容。

七、施工现场平面图布置

单位工程施工平面图是对一个建筑物或构筑物的施工现场的平面规划和空间布置。它是根据工程规模、特点和施工现场的具体情况,正确地确定施工期间所需的各种暂设工程及其他设施等和永久性建筑物、拟建建筑物之间的合理位置关系。

(一)单位工程施工现场平面图的内容

施工现场平面布置图应包括下列内容:

(1)工程施工场地状况;

(2)拟建建(构)筑物的位置、轮廓尺寸、层数等;

(3)工程施工现场的加工设施、存贮设施、办公和生活用房等的位置和面积;

(4)布置在工程施工现场的垂直运输设施、供电设施、供水供热设施、排水排污设施和临时施工道路等;

(5)施工现场必备的安全、消防、保卫和环境保护等设施;

(6)相邻的地上、地下既有建(构)筑物及相关环境。

(二)单位工程施工现场平面图设计原则和依据

1. 单位工程施工现场平面图设计原则

在满足使用要求的条件下,单位工程施工现场平面图设计宜符合下列原则。

(1)平面布置要紧凑、少占地,尽量不占耕地。

(2)临时建筑设施应尽量少搭设。

(3)最大限度地减少场内运输。

2. 单位工程施工现场平面图设计依据

单位工程施工现场平面图设计主要依据有以下三方面的资料。

(1)建设地区的原始资料

自然条件如地形、水文、工程地质和气象资料等,以及技术经济条件如交通运输、水源、电源、物资资源、生产和生活基地状况等。

(2)设计资料

建筑总平面图、建筑区域的竖向设计资料和土方平衡图、拟建构筑物的平面图和剖面图等、一切已有和拟建的地上和地下的管道位置和技术参数。

(三)单位工程施工现场平面图设计的步骤

单位工程施工现场平面图设计的步骤如图 4-2。

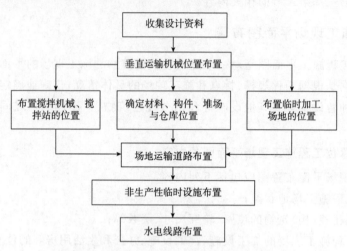

图 4-2　单位工程施工现场平面图设计的步骤

1. 垂直运输机械位置布置

常用的垂直运输机械有建筑电梯、塔式起重机、井架、门架等,选择时主要根据机械性能,建筑物平面形状和大小,施工段划分情况、起重高度、材料和构件的重量、材料供应和已有运输道路等情况来确定。其目的是充分发挥起重机械的能力,做到使用安全、方便,便于组织流水施工,并使地面与楼面的水平运输距离最短。一般来讲,多层房屋施工中,多采用轻型塔吊、井架等;而高层房屋施工,一般采用建筑电梯和自升式或爬升式塔吊等作为垂直运输机械。下面对起重机械的数量确定和布置位置进行简单介绍。

(1)起重机数量的确定

起重机的数量可以按经验公式计算确定:

$$N = \frac{1}{TCK} \times \sum \frac{Q_i}{S_i} \tag{4-12}$$

式中:N——起重机台数;

$\quad T$——工期(天);

$\quad C$——每天工作班次;

$\quad K$——时间利用参数,一般取 $0.7\sim0.8$;

$\quad Q_i$——各构件(材料)的运输量;

$\quad S_i$——每台起重机械台班产量。

（2）有轨式塔式起重机的布置

在一般情况下，有轨式塔式起重机的轨道一般沿建筑的长度方向布置在建筑物外侧。

1）单侧布置

当建筑物宽度较小，可在场地较宽的一面沿建筑物的长向布置，其优点是轨道长度较短，并有较宽的场地堆放材料和构件。如图 4-3 所示。其起重机半径应满足：

$$R \geqslant B + A \tag{4-13}$$

式中：R——轨道式起重机起吊最远构件的起重半径，m；

$\quad\;\; B$——建筑物宽度，m；

$\quad\;\; A$——建筑物外侧到轨道式起重机轨道中心线的距离，m。

2）双侧布置（或环形布置）

一般当建筑物较宽，构件重量较重时，可采用双侧布置（或环形布置）。如图 4-4 所示。起重半径应满足：

$$R \geqslant B/2 + A \tag{4-14}$$

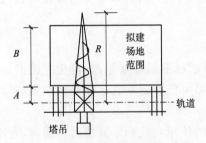

图 4-3 有轨式塔吊单侧布置示意图

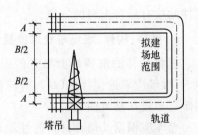

图 4-4 有轨式塔吊双侧布置示意图

3）跨内单行布置

当建筑物周围场地狭窄，或建筑物较宽，构件较重时，采用跨内单行布置。如图 4-5 所示。起重半径应满足：

$$R \geqslant B/2 \tag{4-15}$$

4）跨内环形布置

当建筑物较宽，采用跨内单行布置不能满足构件吊装要求，且不可能跨外布置时，应选择跨内环形布置。如图 4-6 所示。

（3）固定式塔式起重机的布置

固定式塔式起重机布置时，应充分发挥起重机械的能力，并且使地面和楼面的水平运距最小。当建筑物各部位的高度不同时，应布置在高低分界线较高部位一侧。当建筑物各部位的高度相同时，应布置在施工段的分界线附近。

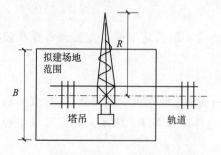

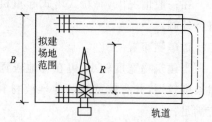

图 4-5　有轨式塔吊跨内单行布置示意图　　图 4-6　有轨式塔吊跨内环形布置示意图

2. 布置搅拌机械、搅拌站的位置

尽量选择在靠近使用地点并在起重设备的服务范围以内。根据起重机类型的不同布置的方案也不同。采用固定式垂直运输设备时,搅拌机(站)尽可能靠近起重机布置,以减少运距或二次搬运。采用塔式起重机时,搅拌机应布置在塔吊的服务范围内。采用无轨自行式起重机进行水平或垂直运输时,应沿起重机运输线路一侧或两侧进行布置,位置应在起重机的最大外伸长度范围内。搅拌站场地四周应设置排水沟,以有利于清洗机械和排除污水,避免造成现场积水。搅拌站应有后台上料的场地。

3. 材料、构件、堆场与仓库位置

材料构件的堆场平面布置的原则是应尽量缩短运输距离,避免二次搬运。砂、石堆场应靠近搅拌机(站),砖与构件应尽可能靠近垂直运输机械布置(基础用砖可布置在基坑四周)。

仓库应根据其储存材料的性能和仓库的使用功能确定其位置。通常,仓库应尽量选择在地势较高、周边能较好地排水、交通运输较方便的地方,如水泥仓库应靠近搅拌机(站)。其他仓库的位置也应根据其使用功能而定。

4. 临时加工场地的位置

单位工程施工平面图中的临时加工场地一般是指钢筋加工场地、木材加工场地、预制构件加工场地、淋灰池等。其布置原则是尽量靠近起重设备,并按各自的特点来选择合适的地点,但必须保证道路的畅通,不影响其他工程的施工。

(1)钢筋加工场地、木材加工场地应选择在建筑物四周,且有一定的材料、成品堆放处。

(2)钢筋加工应尽可能设在起重机服务范围之内,避免二次搬运。

(3)木材加工场地应根据其加工特点,选在远离火源的地方。

(4)淋灰池应靠近搅拌机(站)布置。构件预制场地位置应选择在起重机服务范围内,且尽可能靠近安装地点。

5. 水、电管网布置

从建设单位的干管或自行布置的干管接到用水地点,应力求管网总长度最短。管径的大小和出水龙头的数目及设置,应视工程规模的大小通过计算确定。管道可埋于地下,也可铺于路上,视使用期限的长短和当地的气候条件而定。在工地内要设置消防栓,消防栓距建筑物应不小于5m,也不应大于25m,距路边不大于2m,条件允许时可利用已有消防栓。有时为了防止水的意外中断,可在建筑物旁布置简易的蓄水池,以储备一定的施工用水,高层建筑还应在水池边设泵站。

施工临时用电线路的布置宜尽量利用已有的高压电网或已有的变压器进行布线,线路应架设在道路一侧,且距建筑物水平距离大于1.5m,电杆间距为25~40m,分支线及引入线均由电杆处接出,在跨越道路时应根据电气施工规范的尺寸要求进行配置与架设。

6. 运输道路的布置

施工运输道路应按材料和构件运输的需要,沿着仓库和堆场进行布置,使之畅通无阻。施工现场道路的最小宽度见表4-7。架空线及管道下面的道路,应大于表中道路宽度0.5m,高度大于4.5m。

表 4-7 施工现场道路最小宽度

序号	车辆类别及要求	道路宽度(m)
1	汽车单行道	不小于3.0
2	汽车双行道	不小于6.0
3	平板拖车单行道	不小于4.0
4	平板拖车双行道	不小于8.0

第三节 市政工程单位工程施工组织设计的编制要点与要求

市政工程施工组织设计的内容和顺序可参考下列目录编制。

1. 工程概况

1.1 编制依据

1.2 工程简介

1.3 现场施工条件

2. 施工总体部署

2.1 主要工程管理目标

一、工程概况

市政工程施工组织设计的工程概况可参考建筑工程施工组织设计和建筑单位工程施工组织设计的工程概况。但鉴于市政工程受外部干扰因素多的特点，应对拟建工程实体所处的位置做准确说明。包括：所处行政区域、相交的道路或河流等；承包范围主要包括起讫点桩号、红线范围等。另外还应包括各专业工程结构形式应简要介绍专业管线管材类型、位置、埋深、道路路基、路面各层结构，桥梁上下部结构等各专业工程的主要结构形式，合同要求包括合同内容涵盖的实施合同的工期、质量、安全文明施工等基础要求。

市政工程现场施工条件包括的内容如下。

(1)气象、工程地质和水文地质状况

简要介绍工程建设地点的气温、雨、雪、风和雷电等气象变化情况，雨期、低(高)温的期限，冻土深度等情况，水文地质情况应结合设计文件和有关勘察资料编写。

(2)影响施工的构(建)筑物情况

构筑物指房屋以外的工程建筑，如围墙、道路、管道、隧道、桥梁等。影响施工的构(建)筑物不仅包括工程承包范围内影响施工的,还包括工程施工作业对周边有影响的构(建)筑物。

(3)周边主要单位(居民区)、交通道路及交通情况

简要介绍周边主要单位的分布情况,包括学校、企业、商业、广场及公园等单位;交通道路及交通情况主要指与拟建工程实体相交及工程施工影响的交通道路;交通情况包括行人、机动车、非机动车的交通情况,宜对公共交通情况作单独介绍。

(4)可利用的资源分布等其他应说明的情况

可利用的资源分布情况包括工程当地及工程周边的水、电、劳动力、地材等资源的分布及供应情况。

二、施工总体部署

市政工程施工组织设计的施工总体部署可参考建筑工程施工组织设计和建筑单位工程施工组织设计的相关内容。其中,桥梁工程、地下管线、隧道工程等专业工程在施工时需考虑空间组织。

三、施工现场平面布置

市政工程施工组织设计的施工现场平面布置可参考建筑工程施工组织设计和建筑单位工程施工组织设计的相关内容。市政工程施工组织设计还应对现场交通组织形式进行简要说明。

四、施工准备

市政工程施工组织设计的施工准备可参考建筑工程施工组织设计和建筑单位工程施工组织设计的相关内容。

五、施工技术方案

市政工程施工组织设计的施工技术方案可参考建筑工程施工组织设计和建筑单位工程施工组织设计的相关内容。

六、主要施工保证措施

可参见第三章第二节的相关内容。另外,鉴于市政工程的特点,还应编制交通组织措施和文物保护措施。

(一)交通组织措施

应针对施工作业区域内及周边交通编制交通组织措施,交通组织措施应包

括交通现状情况、交通组织安排等。

(1)交通现状情况应包括施工作业区域内及周边的主要道路、交通流量及其他影响因素。针对施工作业对周边交通产生影响的主要路段和交叉路口进行不同时段的交通流量调查。其他影响因素指施工作业区域及周边固定、有规律性的活动。例如定期的集市、学生定期的离(返)校活动等。

(2)交通组织安排应包括下列内容。

1)依据总体施工安排划分交通组织实施阶段,并确定各实施阶段的交通组织形式及人员配置,绘制各实施阶段交通组织平面示意图,交通组织平面示意图应包括下列内容:

①施工作业区域内及周边的现状道路;

②围挡布置、施工临时便道及便桥设置;

③车辆及行人通行路线;

④现场临时交通标志、交通设施的设置;

⑤图例及说明;

⑥其他应说明的相关内容。

2)确定施工作业影响范围内的主要交通路口及重点区域的交通疏导方式,并绘制交通疏导示意图,交通疏导示意图应包括下列内容:

①车辆及行人通行路线;

②围挡布置及施工区域出入口设置;

③现场临时交通标志、交通设施的设置;

④图例及说明;

⑤其他应说明的相关内容。

(3)有通航要求的工程应制定通航保障措施。

(二)构(建)筑物及文物保护措施。

(1)应对施工影响范围内的构(建)筑物及地表文物进行调查。调查情况宜采用文字、表格或平面布置图等形式说明。

调查情况应说明构(建)筑物的平面位置、立面位置、地基和基础以及与新建市政基础设施的相对位置等。管线调查还应说明管线的种类、走向、材质、规格、权属、完好程度以及与新建市政基础设施的相对位置等。

(2)分析工程施工作业对施工影响范围内构(建)筑物的影响,并制定保护、监测和管理措施。比如,在确定爆破、强夯的施工方法时,要考虑施工影响范围内构(建)筑物的安全,并制定保护、监测和管理措施。

(3)应制定构(建)筑物发生意外情况时的应急处理措施。

(4)针对施工过程中发现的文物制定现场保护措施。

第四节　单位工程施工组织设计实例

某村保障性住房住宅区2标段单位工程施工组织设计

1. 编制依据（略）

2. 工程概况

2.1　工程建设概况

工程名称	××市××村保障性住房住宅区2标段	工程地址	××市南山区侨城东路与友邻路交界处（200×-00×-006×地块）。
建设单位	××市住宅工程管理站	勘查单位	××市勘察研究院有限公司
设计单位	中国华西工程设计建设有限公司	监理单位	
质量监督	××市福田区质监站	安全监督	××市福田区安监站
工期/造价	1.9亿	施工单位	××市第一建筑工程有限公司
工程主要功能	地下室		车库,战时人防
	塔楼		住宅

2.2　工程建筑设计概况

占地面积	47000m²（3个标段）	上部面积	14991m²×4栋	建筑占地面积	22090m²（3个标段）
2标总建筑面积	80000m²	地下室面积		30140m²(3个标段)	
单位工程	层数		层高		建筑面积
地下室	2		4m		20000m²
4栋塔楼	33		1层5.6m,2-33层2.8m		14911m²×2
5栋塔楼	33		1层5.6m,2-33层2.8m		14911m²×2

装修做法

	4,5栋(1层)	4,5栋(2层及以上)	地下室
外墙面	架空处:仿石面砖	主楼:涂料墙面,仿石面砖墙面。	2mm厚聚氨酯防水涂料外防水
楼地面	架空处:设计园林 候梯厅,入户大堂,公共走道:600×600抛光地砖。 塔楼楼梯间:水泥砂浆地面。 公建、服务用房:楼地面做到混凝土垫层/楼板赶光压平。 公厕:300×300防滑地砖	候梯厅,公共走道,客厅,餐厅,厨房,卧室,卫生间:抛光/防滑地砖。 楼梯间,电梯机房:水泥砂浆地面。	车库:混凝土楼面 设备用房:300×300防滑地砖 楼梯间:水泥砂浆 电梯厅:400×400防滑地砖

（续）

占地面积	47000m² （3个标段）	上部面积	14991m²×4栋	建筑占 地面积	22090m² （3个标段）
内墙面	候梯厅,入户大堂,公共走道,公厕:600×600瓷砖从底到顶。 塔楼楼梯间:乳胶漆。		候梯厅,公共走道:瓷砖面层。 卫生间厨房:防水面砖。 其他:乳胶漆墙面。		满刮腻子找平,乳胶漆墙面
顶棚	架空处:外墙白色防水涂料。 候梯厅,入户大堂,公共走道:轻钢龙骨石膏板。 楼梯间,公厕:乳胶漆。		候梯厅,公共走道:轻钢龙骨硅钙板。 厨卫:条形铝扣板 阳台:防水涂料 其他:乳胶漆。		车库:喷大白浆 其他:刷乳胶漆3遍
门窗	塑钢玻璃门窗,钢制防火门				木夹板门,钢制防火门,人防门,防火卷帘门,金属百叶窗

防水做法

屋面	上人屋面:细石混凝土＋卷材防水。非上人屋面:细石混凝土＋涂料防水。
地下室	外墙:2厚聚氨酯防水涂料外防水。地板:2mm厚聚氨酯防水涂料外防水
厨卫	聚合物水泥基防水涂膜

其他指标

人防	本工程设全埋式人防地下室,位于小区6、7、8、9、10栋住宅楼地下部分围合成的区域。三个防护单元抗力等级为常6级和核6级,二等人员掩蔽部防化等级为丙级,一个五级人防区域电站。建筑耐火等级为一级,防水等级二级。
节能	外墙内侧采用30mm厚胶粉聚苯颗粒保温浆料。屋面采用30mm厚挤塑苯板。
防火等级	本工程耐火等级为1级。

2.3 工程结构概况
2.3.1 工程结构设计概况

结构形式:框架结构(塔楼为剪力墙结构)	建筑抗震设防类别:丙类
结构高度:87.0m	抗震设防烈度:7度
地上层数:33	设计地震分组:第二组
地下层数:1(局部2)	设计基本地震加速度:0.10g
设计使用年限:50年	抗震等级:三级塔楼周边一跨范围内为二级
建筑结构安全等级:二级	

（续）

结构形式:框架结构(塔楼为剪力墙结构)		建筑抗震设防类别:丙类
建筑物耐火等级:一级		
地基基础设计等级:乙级		基本雪压:
建筑场地类别:Ⅱ类		基本风压:0.75kPa
砌体施工质量控制等级:B级		地面粗糙度:B类
±0.00相当于绝对高程:		抗浮设计水位标高:35.00

2.3.2 混凝土强度

四五栋墙柱	部位	六层以下	七～十二层	十三～十八层	十九～二十四层	二十五层以上
	标高	基顶－19.57	19.57～36.37	36.37～53.17	53.17～69.97	69.96以上
	强度等级	C45	C40	C35	C30	C25
四五栋梁板	部位	二～二十一层	二十二～屋面机房			
	标高	5.57－58.77	61.57以上			
	强度等级	C30	C25		构造柱,圈梁	C30
地下室墙柱	C30	地下室梁板	C30	乘台,基础梁	C30	

2.3.3 钢筋

HPB335级钢 f_y＝300N/mm^2

HPB400级钢 f_y＝360N/mm^2

2.3.4 钢筋的锚固和连接

(1)直径d≥25纵筋、框支柱和框支梁纵筋,应采用机械连接。采用机械连接时,本工程采用不低于Ⅱ级的机械连接接头。

(2)钢筋的锚固长度和搭界位置、长度,按图集03G101施工。

2.3.5 墙体

非承重的外围护墙:采用200mm厚A5.0蒸压粉煤灰加气混凝土砌块,Mb5.0专用配套砂浆砌筑。

建筑物的内隔墙:采用100mm厚A5.0蒸压粉煤灰加气混凝土砌块,Mb5.0专用配套砂浆砌筑。

住宅分户墙、楼梯间隔墙:采用200mm厚A5.0蒸压粉煤灰加气混凝土砌块,Mb5.0专用配套砂浆砌筑。

厨房、卫生间隔墙:采用100mm厚A5.0蒸压粉煤灰加气混凝土砌块,Mb5.0专用配套砂浆砌筑;离地200mm高度内以C20混凝土浇筑墙基,宽同墙厚。

地下室内墙:采用 180mm 厚 MU7.5 蒸压灰砂砖,M5.0 水泥砂浆砌筑。

2.4　给排水概况(略)

2.5　建筑电气概况(略)

2.6　自然条件

2.6.1　气候条件

××地处亚热带,降雨量丰富,夏季有台风,冬季气温 0°以上,本工程地下室施工在 5～10 月间,因此需做好雨季施工保护措施。

2.6.2　工程地质及水文条件

(1)工程地质条件

根据拟建场地岩土工程勘察报告,基坑影响范围内自上而下主要为以下地层:

人工填土层:人工填土(原堆填土):主要由风化碎石块、黏性土回填而成,风化碎块含量约 30%～50%局部以填石为主,块径约 10～50cm,最大可达 3m,干—饱和、松散—稍密连续分布,现场重型动力触探锤击数一般在 5～10 击/10cm。层底标高 11.74～33.30m,层厚 7.60～28.30m,土石比约为 7∶4。

地铁回填土:场地东侧地铁施工段正回填土,以粉质黏土夹块石为主,尚未固结。

花岗岩破碎带:该层分布于整个场地,拟建场地曾经是采石场,在开采期间采用爆破开采,故在岩层面上部形成破碎带,起伏较大,揭露岩芯主要为肉红色、灰白色,矿物成分主要为石英、长石及云母,全晶质等粒结构,碎块状构造,裂隙发育,岩芯破碎,用金刚石钻头钻进,进尺困难。层顶标高 11.74～33.30m,层底标高 10.43～31.80m,层厚 1.00～2.10m。

微风化花岗岩:肉红色、灰白色,矿物成分主要为石英、长石及云母,全晶质等粒结构,块状构造,裂隙稍发育,岩芯较完整,呈短柱状—长柱状,断口处新鲜,用金刚石钻头钻进,进尺困难。该层分布于整个场地,层顶埋深 9.10～29.80m,层顶标高 10.43～31.80m。由于该场地原为采石场,岩面起伏较大,水平具不规律性,局部形成陡坎,坑洼,该层岩面高差起伏较大,最大达 20m。

(2)水文条件

根据地下水的埋藏和贮存形式,勘察场地内地下水类型主要为孔隙潜水和基岩裂隙水。

孔隙潜水主要赋存于人工填土层内,主要接受大气降水的补给,主要通过蒸发及少部分径流排泄。

基岩裂隙水主要赋存于花岗岩破碎带及微风化花岗岩层中,水量很小,通过蒸发及径流排泄。

在勘察期间,测得地下混合水位埋深在 6.50～16.40m。由于场地东侧地铁站施工采用管井降水,场地地下水位变化较大,目前所测水位不能反映实际地下水位情况。地铁施工完毕,场地回填后,地下水位将上升,上升幅度估计在 3～5m。

3. 施工部署

3.1 工程目标

3.1.1 工期目标

开工日期:2012 年 4 月 14 日

基础施工完成:2012 年 11 月 9 日

地下室顶盖完成:2013 年 3 月 10 日

结构封顶:2013 年 9 月 12 日

工程完工:2014 年×月×日

施工进度详见施工进度计划横道图(略)。

3.1.2 质量目标

(1)按质量检验评定标准进行验评,分部分项工程合格,子单位工程达到合格等级。

(2)确保市级优质样板工程,满足业主总目标要求。

3.1.3 安全目标

防止重伤,杜绝死亡,按"一标三规范"达标。现场施工人员的年负伤频率不大于 0.05%;杜绝各类工程安全事故。

3.1.4 环保目标

本工程弃渣、污水排放、机械噪音控制及生活垃圾处理均按照××特区文明施工与环保管理办法执行,创建省、市"双优"安全文明工程。

3.1.5 成本控制目标

拟定本工程总成本降低率为 2%。

3.2 项目部组织机构及各成员职责

3.2.1 项目组织机构(略)

3.2.2 责任制(略)

3.3 施工准备(略)

3.3.1 施工技术准备(略)

3.3.2 现场准备(略)

3.4 施工流水段划分及施工流程(略)

4. 施工进度计划

4.1 工期目标

本工程合同工期为 2012 年 4 月 14 日～××年×月×日,共×个日历天。

4.2 进度计划(略)

注:原施工组织设计里的进度计划为附件形式。

5. 施工总平面图(略)

5.1 施工总平面布置依据(略)

5.2 施工总平面图(略)

5.3 施工平面图内容(略)

5.3.1 现场出入口及围墙(略)

5.3.2 现场机械设备布置(略)

5.3.3 现场道路排水(略)

5.3.4 现场办公区生活区(略)

5.3.5 临时用水布置(略)

5.3.6 临时用电布置(略)

6. 主要分部分项工程施工方法(略)

6.1 测量放线(略)

6.2 土方开挖及基坑支护(略)

6.2.1 分项概况(略)

6.2.2 施工准备(略)

6.2.3 土方开挖(略)

6.2.4 基坑支护(略)

6.2.5 地下水防治与排水措施(略)

6.2.6 基坑监测与应急措施(略)

6.3 桩基础施工(略)

6.3.1 人工挖孔桩(略)

6.3.2 冲孔灌注桩(略)

6.4 地下室工程(略)

6.4.1 地下室底板垫层施工(略)

6.4.2 钢筋工程(略)

6.4.3 模板工程(略)

6.4.4 地下室大体积混凝土施工(略)

6.4.5 地下室混凝土工程(略)

6.4.6 后浇带施工(略)

6.4.7 白蚁防治措施(略)

6.4.8 地下室土方回填(略)

6.5　结构工程（略）

6.5.1　工艺流程（略）

6.5.2　钢筋工程（略）

6.5.3　模板工程（略）

6.5.4　混凝土工程（略）

6.5.5　砌筑工程（略）

6.6　脚手架工程（略）

6.6.1　分项概况（略）

6.6.2　外脚手架施工方法（略）

6.6.3　内脚手架施工方法（略）

6.7　装修工程（略）

6.7.1　天棚工程（略）

6.7.2　抹灰工程（略）

6.7.3　楼地面工程（略）

6.7.4　外墙工程（略）

6.8　屋面及防水工程（略）

6.8.1　构造做法（略）

6.8.2　屋面及防水施工（略）

6.9　给排水工程（略）

6.9.1　预留、预埋工程（略）

6.9.2　管道安装（略）

6.10　建筑电气工程（略）

6.10.1　施工工艺流程（略）

6.10.2　配管、防雷接地施工（略）

6.10.3　预留孔洞的复核和预埋管的疏通（略）

6.10.4　避雷带及接地系统施工（略）

6.10.5　桥架、线槽安装（略）

6.10.6　动力箱（柜）、照明箱、控制箱（屏）安装（略）

6.10.7　电缆敷设（略）

6.10.8　动力、照明穿线（略）

6.10.9　开关、插座、灯具安装（略）

6.10.10　送电调试（略）

6.11　新技术、新材料、新设备、新工艺（略）

6.11.1　全站仪定位技术（略）

6.11.2　冲孔灌注桩技术（略）

6.11.3　大体积混凝土裂缝防治技术（略）

6.11.4　屋面隔热保温中聚苯板的运用（略）

6.11.5　企业和项目管理信息化技术（略）

6.11.6　计算机应用和管理技术（略）

6.11.7　设备安装工程采用的新方法、新工艺、新材料（略）

7．各项管理制度

7.1　工程质量控制

7.1.1　施工准备阶段的质量管理

认真做好主体、装饰工程的施工准备工作，在分部分项工程施工前，必须组织有关的施工管理人员，认真学习设计图纸及设计说明，学习相关的施工规范，了解设计意图，掌握施工方法。对钢筋混凝土、装饰、防水等一些特殊、重要部位，要认真理解设计中的技术要求，要有针对性的编制专题施工方案（中标后由专人编制），并作好施工技术交底。施工机械设备投入使用前应检修完善，并坚持长期的保养、检修制度，确保其正常运转。

7.1.2　施工材料的质量管理

要把工程建成优质精品工程，除施工管理及操作者技能外，施工材料质量十分重要。组织材料应按审核后的计划进场，并做好保管工作。材料按规定分别堆放整齐。水泥、钢材以及特殊装饰材料在运输存放时，须保留标牌，按批量分类，出厂证明、合格证书必须对口、齐全、不能混堆，注意锈蚀和污染，所有进场材料必须经试验合格后方能用于本工程，不合格的产品不得用于本工程。

7.1.3　施工过程中的质量管理

（1）做好施工技术交底，严格按照设计图纸、施工组织设计及其他施工规范规程进行施工。除建立工程质量管理体系外，应认真履行技术措施和质量标准向各级施工人员进行详细的讲解交底，让作业人员真正做到心领神会，施工中准确无误。

（2）质量保证技术措施：严格按建筑工程施工及验收规范、规程和设计图纸要求施工，减少和避免返工现象，抓好一次成优。

（3）认真执行施工验收和操作规程，特别对各道工序间特殊结构要求，要组织人员精心施工，严格把关。允许偏差必须控制在规范允许范围内。

（4）加强施工过程中的技术管理，认真执行工程施工组织设计和有关的施工文件。施工中各道工序都必须进行自检、互检、交接检，确保施工质量一次成优。隐蔽工程在自检合格后，方可报请建设、监理、质监站共同检查验收，签字认可后方能实行隐蔽。

（5）施工时要加强各工种间的联系，认真做好各工种配合，安排好交叉作业，合理组织工种穿插施工。凡需预留、预埋、穿管埋线等，都必须事前明确定位，做好记录，防止遗漏，避免事后凿墙打洞，影响工程结构质量。

（6）本工程施工过程中，应加强施工技术资料的收集和整理工作。对图纸会审、设计变更、工程隐蔽、质量检验、材料取样及送检结果。施工记录、工程验收等，都必须及时签证，定期收集归档，形成施工文件，这也是确保工程质量的重要一环。

7.1.4　施工质量的动态控制

本工程施工质量控制应从作业班组入手，组织建立班组型的全面质量管理小组，针对本工程实际情况，成立"QC"小组，将管理工作贯穿于施工全过程。施工各分部分项均按明确的质量管理目标值进行严密的动态跟踪，保证基础、主体结构验收以及工程竣工验收时达到合格标准，为此，各施工单位作业班组均应做到：

（1）保证本工程主体、装饰所有分项工程各检查项目达到设计和规范要求。

（2）各施工班组均应建立和完善班组内部的自检制度，做到工程质量在班组内有控制，有检查，有记录，实行挂牌施工，对粗制滥造者除教育和处罚外，混凝土浇筑前必须实行质量一票否决，返工重来，决不姑息。

（3）土建、安装，施工单位都要设置专门的检查部门，并配备质检人员常驻现场，严格执行质量管理制度的各种规定及条文。

（4）在公司所属质监部门经常性检查的情况下，项目质检员每天进行分部分项工程的跟踪检验和验收，对分项不合格产品坚决返工。

7.1.5　质量通病防治

本施工组织设计列出了八种质量通病的防止。包括：填方出现橡皮土；人工挖孔桩成孔困难、塌孔；后浇带部位渗漏水；卷材防水层空鼓；楼梯模板缺陷；套筒连接接头露丝；外墙抹灰空鼓、开裂；外饰面涂料起鼓、起皮、脱落。

7.2　工期保证措施

7.2.1　确保工期的技术组织措施

为确保对业主承诺的投标工期的实现，我公司制定了一套完整的保证工期的技术组织措施，具体的内容如下：

（1）组织保证措施

为早日建成，我公司将成立以公司经理为工程总负责人，总工程师为技术总负责人的高效、精干的项目管理机构，采取行之有效的科学管理模式来达到预期目标。

1)对内采用全新管理模式，成立以工程总承包项目经理部，实行公司法人代表授权的经理负责制,对外与业主、设计、监理等单位紧密配合,充分发挥公司的经济技术优势和精诚合作的诚意,严格按照施工组织设计进行施工,保证总进度的如期进行。

2)项目经理受公司法人委托,处理本工程施工过程中的一切事务,并享有人事组阁权、劳动力选择权、材料采购以及资金使用权。项目经理部设立资金专用账户,专款专用,建立往来账目。项目资金使用过程中,公司财务部门对项目资金情况进行定期检查审核,以确保资金使用过程受控。

3)劳务作业队伍由劳务公司和项目共同进行综合评估,项目经理择优录取,与其签订劳务合同,规定其工期、质量、安全要求,以确保每一道工序按时保质完成。

4)我公司依据本工程的特点和现场施工条件,将本工程划分为建筑专业和安装专业两大部分,两者之间平行交叉施工,互为依托,始终如一的协调配合,以确保工程如期完成。

5)施工过程中实行目标分解,责任到人。项目经理全面负责进度计划实施,项目总工程师和各专业工长具体领导执行;操作人员则服从安排,积极投入具体工作,并保质、按时完成各自任务;内业人员每旬按实填写工程进度表,并负责上报项目经理,公司生产部门每月定时核实工程进度,并督促其按进度计划执行。实行责任与利益挂钩的办法,做到奖先进罚后进的奖罚制度。

6)采用严格的目标管理,建立全方位、全过程、多层次的目标管理体系,向管理要效益、要质量、要工期。目标管理基本内容:在目标管理体系下,各分部工程定期以书面形式对自己所制定的目标计划进行自我评定,找出有利和不利因素,并制定相应的措施上报上级主管。

7)建立每周一次的现场例会制度,由公司各有关部门、项目全体干管人员、分包单位负责人参加,总结计划完成情况安排下一步计划实施。

8)定期检查计划的完成情况,包括形象进度、材料供应和管理等,及时发现并处理影响进度的不利因素。对滞后的进度及时采取补救措施,组织力量限期跟上。

9)保障施工的后勤供给工作,搞好职工伙食供应,确保劳动工时的充分利用。

(2)科学周密的施工进度安排

作为总承包单位,我们将确定建筑安装各主要工序的工期和先后穿插顺序。在施工过程中,要求各进场的专业队伍以总进度计划为基础,编制各自的工作计划,以实现各专业施工工期。在保证总工期的前提下,合理插入其他专业的安装工作。施工进度采用网络计划控制,以便根据工程特点和资源情况不断地进行调整和优化,选择最优方案,保证工程按期完成。

(3)合理科学的施工技术措施

1)现场技术人员主动与各协作单位取得联系,从施工角度给予出谋划策,将以前施工过类似工程的经验运用到本工程中,减少因安排不当造成的返工现象,从而保证工程优质高效的完成。

2)项目成立专门技术组,加强技术管理的力度,适应施工进度的需要。将已经确定的技术变更及时通知施工工长和施工班组;临时性的修改,要立即制定相应的技术处理措施;对可能影响土建和进度的问题要主动向监理、甲方及早提出,尽量避免事后处理。

3)编制详细的各种资源供应计划,尤其是材料部门及时按计划准确地提供各种材料。以满足施工进度需要。

4)加强施工的预见性,所有施工技术准备工作提前一个月,所有材料及半成品供应较实际进度提前3~7天到现场,并应随附所需的合格证、复检证明等,从而保证材料能及时使用到工程上。

5)应用新技术、新工艺缩短技术间歇时间,提高施工工效,确保工程进度。

6)本工程应用经营管理软件,对网络计划编制、财务会计、计划统计、劳动力调配、成本控制、工程质量和技术资料等进行全过程管理,提高了管理水平,加速了施工进度。

7)针对各阶段施工情况对其实行动态管理,投入足够的劳动力。本公司早已实行了两层分离,成立了施工公司,在全公司范围内实行招标,择优使用施工作业队。

8)中标的作业队与项目签订经济承包合同,实行平米包干,采用优奖劣罚政策,调动职工的劳动热情。

(4)合理的机械设备配置

施工机械的合理配置及正常运转,是保证工期的重要因素。

1)我公司决定基础施工阶段设置两台QTZ160塔吊,装饰施工阶段设置4台施工电梯作为施工阶段的垂直运输机械,以确保垂直运输材料的及时性和准确性。

2)现场设置一台发电机,以便停电时能持续进行施工。

3)现场设立两个钢筋加工厂,集中加工制作钢筋。

4)其他中小型设备按照施工的总体部署,根据各阶段进度需要配置足够,并及时组织进场。

5)加强机械设备管理和维护保养,确保正常运转,机械设备完好率保证达到98%以上,利用率保证达到80%以上,并设置专业继续界维修班,加强设备管理,保证施工的连续性。

6)公司加强对操作人员的管理调度,奖惩分明。

7)多动作及易磨损配件应经常维护检修,加强机械保养,发现问题及时处理,使其正常运行,做好机械台班记录,掌握机械磨损规律,备足配件。

(5)合理的劳动力安排

按照本工程特点,结合建筑安装工程劳动定额和施工工序的先后安排及各施工段工程量,确定本工程各施工阶段建筑、安装的劳动力配备。在劳动力配备上采取以下几条组织措施和原则。

1)劳务作业队进场前,由劳务公司和项目共同进行综合评估,项目经理择优录取,与其签订合同,规定其工期、质量、安全要求,明确承包任务,工程量结算方式和奖惩的措施。项目经理部还对劳务队引入激励机制,推行优质优价的管理方法。

2)本工程劳动力组织综合考虑土建、安装的用工特点,即土建施工的劳动力密集型、安装施工的专业性,施工前组织二支劳务作业队伍,一支为土建施工劳务作业队,则另一支为安装施工作业队。

3)本工程所有特殊工种(起重工、焊工、机操工、架工、电工、管道工等)均持证上岗,并在重要施工程序中投放技师。

(6)良好的施工配合

1)土建与安装的交叉配合是工程是否顺利竣工的关键,而工程自身工作量大,工期紧迫,稍有不慎,极有可能因配合不默契,造成不必要的工期损失。因此,要求土建专业要提前通知各安装专业下一步的施工计划,以便安装尽快安排预留预埋的配合工作,以保证工程施工顺序进行。为此,在每月底我公司项目部将编制下月施工计划并报送各有关单位,使大家都心中有数,若有调整,也将在最短的时间内通知有关单位。

2)加强各工种的协调配合工作,各工序应穿插进行,尤其是土建和安装更要相互支持,协调一致,各专业应合理安排,做到有条不紊,避免窝工,施工方法正确,避免返工。结构施工期间水电专业派专人在现场梁板处布管留置预埋管线,当结构即将结束,开始安装总管及避雷带;拆除脚手架前,避雷带要安装完毕。粉刷完,安装照明线路。三层结构施工,开始安装给水管线,室内粉刷以前给水管道基本做完,粉刷基本完后,开始安装室外部分污水,废水管,装修阶段开始安装卫生设备。

3)每周定时召开工作例会,由我公司主持,各建设单位、监理单位、设计单位和有关专业队伍参加。会议内容当天整理成简报,各单位签署后印发,以便据此检查、落实。

4)严格实行限时解决问题的工作制度,减少人为因素造成的工期延误,采用书面文字进行工作联系,杜绝扯皮、推诿现象。

7.2.2　实行四级计划管理

(1)一级计划:是确定工程进度的总体工程进度计划,由公司编制,业主批准。

(2)二级计划:是项目经理部根据一级计划编制的季度滚动计划,经公司批准后,下达项目部执行,每执行一月后滚动调整,该计划还应有相应的材料、设备等采购制作、进场计划。

(3)三级计划:是指月计划,由各专业队编制,项目经理部协调批准后下发执行。

(4)四级计划:周计划,由班组根据月计划编制,并报项目经理协调,周计划要求按照每半天控制。

7.3　安全文明施工措施(略)

7.3.1　安全施工措施(略)

7.3.2　文明施工措施(略)

7.3.3　消防保卫措施(略)

7.3.4　环保措施(略)

7.4　降低工程成本的措施

降低工程成本以不影响工程质量,能保证施工,保证安全为前提,正确处理降低成本,提高质量和缩短工期三者之间的关系。

(1)经调查研究,经济比较分析,选择合理的施工方案。

(2)大力推广应用"四新"项目。

(3)在职工中开展"技术大比武"活动,提高技术水平,降低材料消耗率。

(4)装饰施工使用散装水泥。

(5)砌筑、抹灰砂浆掺用微沫剂。

(6)钢筋集中配料,合理利用原材。

(7)限额领料,推行材料节约奖罚制度。

(8)电梯井筒采用定型大模,用塔吊协助支拆,节约人工,缩短工期。

(9)随主体施工进度安装阳台栏杆减少临边防护材料、人工。

(10)电梯井、电梯门、吊篮门防护采用可周转使用的废钢筋隔栅。

(11)在施工现场出入口设置回收箱,要求施工人员积极回收散落在楼层地面上的铁钉、螺丝、垫片、木模等可用材料。

(12)充分利用商品混凝土余料浇筑预制构配件。

(13)积极认真分析维护保养好施工机械设备,增长其使用寿命。

7.5　工程技术档案资料管理措施(略)

7.6　工程竣工后保修服务

我公司质量管理目标:"工程回访率100％",工程竣工交付后,公司将在保修期内组织定期和不定期回访,了解建筑物使用情况或设备运行情况。如发现施工质量问题,公司将及时组织力量进行修补,确保用户满意,因为"为用户服务,对用户负责"是本公司的义务和宗旨。

(1)回访计划在交工后一周内由本公司工程技术部门制定。

(2)回访时仔细观察建筑实体和配套设备使用情况,通过《竣工工程回访单》收集业主意见,并收回签有业主意见的回访单作为质量记录保存。

(3)回访中发现质量问题由公司代表和质检员分别记录,以备逐项修补。

(4)回访灵活机动,采取如下方法保证回访效果:

1)竣工回访:在竣工交付工程投入使用后定期组织回访。

2)季节性回访:如雨季回访屋面厨卫、阳台防水情况。

3)技术性回访:为了检验在施工中使用的新材料新工艺效果或技术性能,定期不定期进行回访。

4)保修期满回访:在工程保修期满前组织回访,了解一年来工程和设备的适用性能。

5)临时性回访:接到业主要求回访的通知或投诉后,在三日内派人核实情况。

8. 经济技术指标

8.1　工期指标

确保按合同工期竣工,交付业主。

8.2　质量指标

(1)确保工程质量优良;单位工程合格率100％。

(2)按质量检验评定标准进行验评,分部分项工程合格,子单位工程达到合格等级。

(3)确保市级优质样板工程,满足业主总目标要求。

8.3　安全文明施工指标

杜绝死亡、重伤事故、火灾事故和中毒事件的发生,轻伤事故频率控制在0.5％以下。争创××市"双文明工地"。

8.4　成本目标

(1)实现完成直接工程费利润2％。

(2)拟定本工程总成本降低率为2％。

9. 工程创优计划及保证措施(略)

9.1　工程创优计划(略)

9.2　创优组织机构(略)

9.3　创优保证措施(略)

9.4　严格执行质量保证管理制度(略)

9.4.1　材料进场

通过执行进场检验制做到:

(1)杜绝小厂水泥、立窑水泥、无准用证水泥进场。

(2)进口钢筋进行化学分析。

(3)其余材料必须做到有出厂合格证及××市相关的材料准用证,进场后必须送检合格后方可使用。

9.4.2　施工制度

在抓质量分解目标落实中,重点抓好以下几点:

(1)隐检制:根据进度安排预检、隐检计划,进行预检、隐检程序。办理预检、隐检手续,并及时履行签字归案。

(2)三检制:按工序,分部、分项落实三级检查控制,重点抓住工序跟踪检查,把优质优价、奖优罚劣及时落实到班组,落实到人头。

(3)样板制:分项工程施工时要以样板指路,用样板交底,按样板验收,执行好样板工序、样板墙、样板段、样板层的施工管理细则。

(4)岗位责任制:按质量目标分解,将质量责任层层挂牌,层层落实到人头,形成优质精品竞赛气氛,由质量管理工程师行使质量否决权和质量奖罚权。

9.4.3　协调措施

执行现场例会制度,明确专业的施工顺序和工序穿插的交接关系及质量责任,加强各专业工种之间的协调、配合及工序交接管理,及时解决前后工种间的矛盾和问题,避免扯皮、返工现象,保证施工顺利进行。

在现场成立一个车辆、机械调度室,确保车辆、机械及时到位作业,加强维修保养,确保同时参与作业的车辆、机械数量满足施工需要。加强现场车辆的指挥调度,维护交通秩序,确保场地内道路畅通无阻。

第五章　建筑与市政工程施工方案

第一节　施工方案概述

施工方案是用以指导分项、分部工程或专项工程施工的技术文件,是对施工实施过程所耗用的劳动力、材料、机械、费用以及工期等在合理组织的条件下,进行技术经济的分析,力求采用新技术,从中选择最优施工方法也即最优方案。

一、施工方案的编制依据

施工方案应按照单位工程施工组织设计中的相应规定来编制,并且必须符合相应的法律、法规和标准规范。

二、施工方案的编制内容

(1)各阶段施工流水段的划分。

(2)大型机械的选择。

(3)主要结构施工方法(降水、护坡、模板、电梯井筒、雨篷阳台、门窗洞口、钢筋连接、钢筋加工方式、钢筋保护层厚度、混凝土浇筑方式、商品混凝土试配、拆模强度要求、养护方法、试块制作及管理等)。

(4)主要装修施工方法。

(5)主要机电施工方法。

(6)应重点描述与施工方案有关的内容和主要参数,对该施工部位的特点、重点、难点进行分析。

三、危险性较大的分部、分项工程施工方案的编制要求

建筑工程实行施工总承包的,危险性较大的分部、分项工程安全专项施工方案应当由施工总承包单位组织编制。其中,起重机械安装拆卸工程、深基坑工程、附着式升降脚手架等专业工程实行分包的,其专项方案可由专业承包单位组织编制。专项方案应当包括以下内容。

(1)工程概况:危险性较大的分部分项工程概况、施工平面布置、施工要求和

技术保证条件。

（2）编制依据：相关法律、法规、规范性文件、标准、规范及图纸（国标图集）、施工组织设计等。

（3）施工计划：包括施工进度计划、材料与设备计划。

（4）施工工艺技术：技术参数、工艺流程、施工方法、检查验收等。

（5）施工安全保证措施：组织保障、技术措施、应急预案、监测监控等。

（6）劳动力计划：专职安全生产管理人员、特种作业人员等。

（7）计算书及相关图纸。

不需专家论证的专项方案，经施工单位审核合格后报监理单位，由项目总监理工程师审核签字。

四、危险性较大的分部、分项工程施工方案专家论证

超过一定规模的危险性较大的分部分项工程专项方案应当由施工单位组织召开专家论证会。实行施工总承包的，由施工总承包单位组织召开专家论证会。下列人员应当参加专家论证会：

（1）专家组成员；

（2）建设单位项目负责人或技术负责人；

（3）监理单位项目总监理工程师及相关人员；

（4）施工单位分管安全的负责人、技术负责人、项目负责人、项目技术负责人、专项方案编制人员、项目专职安全生产管理人员；

（5）勘察、设计单位项目技术负责人及相关人员。

专家组成员应当由 5 名及以上符合相关专业要求的专家组成。本项目参建各方的人员不得以专家身份参加专家论证会。专家论证的主要内容：

（1）专项方案内容是否完整、可行；

（2）专项方案计算书和验算依据是否符合有关标准规范；

（3）安全施工的基本条件是否满足现场实际情况。

专项方案经论证后，专家组应当提交论证报告，对论证的内容提出明确的意见，并在论证报告上签字。该报告作为专项方案修改完善的指导意见。

第二节　施工方案的编制要点与要求

一、工程概况

工程概况应包括工程主要情况、设计简介和工程施工条件等。

(1)分部(分项)工程或专项工程名称、工程地质、建设单位、设计单位、监理单位、质量监督单位、施工总包、主要分包等基本情况。

(2)工程的施工范围,施工合同(合同范围,合同性质,投资性质,合同工期等)、招标文件或总承包单位对工程施工的重点要求等。

(3)建筑设计概况,结构设计概况,专业设计概况,工程的难点等。设计简介应主要介绍施工范围内的工程设计内容和相关要求。包括平面组成、层数、建筑面积、抗震设防程度、混凝土等级、砌体要求、主要工程实物量和内外装修情况等。

(4)建设地点的特征。包括工程所在地位置、地形、工程与水文地质条件、不同深度的土质分析、冻结时间与冻层厚度、地下水位、水质、气温、冬雨期起止时间、主导风向、风力等。

(5)施工条件。应重点说明与分部(分项)工程或专项工程相关的内容。水、电、道路、场地等情况;建筑场地四周环境、材料、构件、加工品的供应和加工能力;施工单位的建筑机械和运输工具可供本工程项目使用的程度,施工技术和管理水平等。

二、施工安排

1. 施工目标

工程施工目标包括进度、质量、安全、环境和成本等目标,各项目标应满足施工合同、招标文件和总承包单位对工程施工的要求。

2. 施工顺序及施工流水段

工程施工顺序及施工流水段应在施工安排中确定。

3. 施工重点和难点

针对工程的重点和难点,进行施工安排并简述主要管理和技术措施。

4. 管理机构

根据分部(分项)工程或专项工程的规模、特点、复杂程度、目标控制和总承包单位的要求设置项目管理机构,组织机构及岗位职责应在施工安排中确定,各种专业人员配备齐全,完善项目管理网络,建立健全岗位责任制,并应符合总承包单位的要求。

三、施工进度计划

分阶段工程(或专项工程)进度计划:是以工程阶段目标(或专项工程)为编制对象,用以指导其施工阶段(或专项工程)实施过程的进度控制文件。分部分项工程进度计划:是以分部分项工程为编制对象,用以具体实施操作其施工过程进度控制的专业性文件。由于二者编制对象为阶段性工程目标或分部分项细部目标,目的是为了把进度控制进一步具体化、可操作化,因此是专业工程具体安排控制的体现。此类进度计划与单位工程进度计划类似,且由于比较简单、具体,通常由专业工程师或负责分部分项的工长进行编制。

四、施工准备与资源配置计划

1. 施工准备

施工方案针对的是分部(分项)工程或专项工程,在施工准备阶段,除了要完成本项工程的施工准备外,还需注重与前后工序的相互衔接。施工准备应包括下列内容:

(1)技术准备:包括施工所需技术资料的准备、图纸深化和技术交底的要求、试验检验和测试工作计划、样板制作计划以及与相关单位的技术交接计划等;

(2)现场准备:包括生产、生活等临时设施的准备以及与相关单位进行现场交接的计划等;

(3)资金准备:编制资金使用计划等。

2. 资源配置计划

资源配置计划应包括下列内容:

(1)劳动力配置计划:确定工程用工量并编制专业工种劳动力计划表;

(2)物资配置计划:包括工程材料和设备配置计划、周转材料和施工机具配置计划以及计量、测量和检验仪器配置计划等。

五、施工方法及工艺要求

明确分部(分项)工程或专项工程施工方法并进行必要的技术核算,对主要分项工程(工序)明确施工工艺要求。

施工方法是工程施工期间所采用的技术方案、工艺流程、组织措施、检验手段等。它直接影响施工进度、质量、安全以及工程成本。施工方案规定的施工方法及工艺要求的内容应比施工组织总设计和单位工程施工组织设计的相关内容更细化。

对易发生质量通病、易出现安全问题、施工难度大、技术含量高的分项工程(工序)等应做出重点说明。

对开发和使用的新技术、新工艺以及采用的新材料、新设备可以采用目前国家和地方推广的,也可以根据工程具体情况由企业创新。对于企业创新的技术和工艺,要制定理论和试验研究实施方案,并组织鉴定评价。

　　根据施工地点的实际气候特点,提出具有针对性的施工措施。在施工过程中,还应根据气象部门的预报资料,对具体措施进行细化。

六、主要管理计划

参见第三章第二节的相关内容。

第三节　施工方案实例

北京某医院综合楼模板工程施工方案(长城杯)

1. 编制依据(略)

2. 工程概况

2.1　设计概况

2.1.1　医疗综合楼

序号	项　目	内　容	
1	建筑面积(m²)	总建筑面积	118407.68m²
		地下建筑面积	34771.17m²
		地上建筑面积	83636.51m²
2	建筑层数	医疗综合楼A、B区地上5层(含1个设备层)/地下2层;C区地上2层/地下1层;D区、E区地上12层/地下2层	
3	建筑层高(m)	医疗综合楼A、B区:首层4.8m,2～4层4.5m,设备层3.9m,地下一层4.5m,地下二层4.9m;C区:首层4.8m,2层4.5m,地下一层4.5m;D、E区:首层4.8m,2～4层4.5m,5～12层3.9m,地下一层4.5m、地下二层4.9m	
4	结构形式	基础结构形式	梁板筏基
		主体结构形式	现浇钢筋混凝土框架剪力墙结构
5	结构断面尺寸(mm)	筏板基础厚	400mm、600mm
		基础梁	500×1200、600×1200
		外墙厚度	350mm、400mm
		内墙厚度	250mm、300mm
		柱断面	500×500、600×600、700×700、
		梁断面	400×600、400×700、400×750、500×800、600×800、600×1100
		楼板	120mm、140mm、200mm、250mm、300mm
6	楼梯结构形式	现浇混凝土板式楼梯	

2.1.2 教学科研楼

序号	项 目	内 容	
1	建筑面积(m²)	总建筑面积	11300m²
		地下建筑面积	1250m²
		地上建筑面积	10050m²
2	建筑层数	教学科研楼地上8层/地下1层	
3	建筑层高(m)	首层4.8m、2~5层4.2m、6~8层3.9m,地下一层4.5m	
4	结构形式	基础结构形式	梁板筏形(局部独立柱)基础
		主体结构形式	钢筋混凝土框架结构
5	结构断面尺寸 (mm)	筏板基础厚	500mm
		基础梁	700×1200、700×1300
		外墙厚度	300mm、350mm
		柱断面	600×600、600×800、600×900
		梁断面	350×450、300×600、350×600、400×800、350×1100
		楼板	120mm、150mm、180mm
6	楼梯结构形式	现浇混凝土板式楼梯	

2.2 现场情况(略)

2.3 设计图(略)

2.4 模板工程施工特点及难点分析

2.4.1 管理方面

本工程为12个单体工程组成的群体工程,单体栋号工程多、工程工程量差异大、施工工期长。均衡施工任务量,划分施工区域并将各区域插入时间合理的安排是本工程模板施工的难点;对于各施工区域劳动力、机械、设备、物资合理安排及有效投入是本工程模板施工重点。

2.4.2 技术方面

序号	工程难点	解决方案
1	梁梁、梁柱节点多,节点处容易漏浆,阴阳角不方正。	梁柱接头的模板跨下柱子600~800mm,并设置两道锁木锁在柱子上
2	非标准层大模板接高处漏浆、错台。	本工程墙柱钢模板采用接高模板(柱模接1000mm、墙模接高600mm),施工至标准层后将接高部分割除
3	楼梯间模板漏浆错台	楼梯间处模板下跨100mm,下跨处模板粘贴海绵条;利用墙体上部穿墙螺栓加固模板侧模板和墙体模板根部。

（续）

序号	工程难点	解决方案
4	直线加速器墙体及顶板局部厚度 2500mm，顶板模板支架属于危险性较大工程	请专业、有经验的模板厂家进行模板设计并搭设模板支撑体系。并请专家组进行论证可行后，再施工。 （采用卓良模板厂家。木梁模板系统简介：在单块模板中，胶合板与竖肋（木工字梁）采用自攻螺丝和地板钉连接，竖肋与横肋（双槽钢背楞）采用连接爪连接，在竖肋上两侧对称设置两个吊钩。两块模板之间采用芯带连接，用芯带销固定。 顶板面板选用 18mm 多层胶和板、次龙骨为工字木梁、主龙骨为双二十号槽钢背对背焊接而成；模板支撑架选用轮扣脚手架）

3. 施工安排

3.1 质量目标

本工程结构主体质量目标是结构"长城杯"金质奖，为此，模板工程的质量目标为：模板分项工程合格率 100%，模板塑性效果达到长城杯要求。

3.2 施工部位及工期要求

序号	工程形象进度	工期要求
1	医疗综合楼±0.000 以下	2011.05.28～2011.09.30
2	医疗综合楼 A、B 区±0.000 以上（至五层）	2011.08.27～2011.12.11
3	医疗综合楼 D、E 区（首层至六层）	2011.09.12～2011.12.11
4	医疗综合楼 D、E 区（七层至十二层）	2012.02.27～2012.05.31
5	教学科研楼±0.000 以下	2011.11.15～2011.12.15
6	教学科研楼±0.000 以上（至八层）	2012.02.27～2012.05.20

3.3 劳动力组织及人员分工

3.3.1 管理人员职责分工

为优质高效的组织好模板工程施工，由项目总工程师负责各部位模板的设计，选派有施工经验的工程技术人员专门负责模板工程，负责对施工队进行技术交底，进行技术、质量、进度、安全等管理（管理人员职务表略）。

3.3.2 劳务分包单位职责分工

挑选有丰富经验的劳务队伍进场，作业前进行培训、交底，严格按交底施工，模板分区分部位责任到人。劳务队模板班组设两名班组长负责水平构件和竖向构件的模板工程施工，设一名专职模板质检员，负责模板工程的质量控制（管理人员职务表略）。

3.3.3　各阶段劳动力配备

序号	工种	基础(人数)	主体(人数)	备注
1	技术员	7	7	
2	医疗综合楼 A、B、C区木工	220	150	高峰人数
3	医疗综合楼 A、B、C区大模板工	10	15	高峰人数
4	医疗综合楼 D、E区木工	110	90	高峰人数
	医疗综合楼 D、E区大模板工	30	45	高峰人数
	教学科研楼	50	70	高峰人数
5	后　　台	30	30	木模制作及模板清理

4. 施工准备

4.1　施工技术准备(略)

4.2　机具准备

序号	机械名称	数量	型号	功率	进场时间
1	平刨	6	MB-503	3kW	2011-6-15
2	圆盘锯	6	MJ106	3kW	2011-6-15
3	压刨	6	MB104	7.5kW	2011-6-15
4	电钻	4	VV508S	520W	2011-6-15
5	手提电刨	12		0.45kW	2011-6-15
6	手提电锯	12	W-651A	1.05kW	2011-6-15
7	电焊机	9	BX-300	22.5kVA	2011-6-15

4.3　材料准备

(1)施工前,根据模板材料计划选购多层板、50mm×100mm、100mm×100mm方木、钢丝绳、脱模剂等;租赁钢管(6m、4m、3m、2m等)、碗扣架(横杆1200mm、900mm、600mm;立杆2400mm、2100mm、1800mm、1500mm、1200mm、900mm等)、U型卡、对拉螺栓(止水、普通)等。

(2)所有材料进场均应由工长、质检员严格检查,凡不符合要求的严禁进场使用。

（3）本工程模板及支撑数量见下表：

序号	名称	规格	数量
1	木方	100mm×100mm	990m³
2	木方	50mm×100mm	3520m³
3	多层板	15mm 厚	142000m²
4	大模板	86 系列	2958m²
5	碗扣件		441100m
6	U托		65984 个
7	脚手管	Φ48	18960m
8	扣件		19000 个

5．主要施工方法及措施

5.1　施工区域及流水段划分（略）

5.2　模板选型（略）

5.3　隔离剂选用及注意事项

本工程从经济、适用、保证质量的角度出发，钢质大模板模采用油性脱模剂。

隔离剂涂刷应在模板堆放区进行，下面铺设细砂。禁止在支模区域涂刷隔离剂，防止污染钢筋和接茬混凝土。

5.4　模板设计（略）

5.5　特殊部位的模板设计（略）

5.6　模板的加工与制作（略）

5.7　模板的存放（略）

5.8　模板的安装

5.8.1　地下墙体模板安装

墙体模板施工工艺：模板加工及散拼→焊接墙体模板定位筋→安装内侧墙模→安装止水螺栓（内墙螺栓采用普通螺栓及套管）→安装外墙模板→安装龙骨及加固→加设斜撑调整模板垂直平整→验收。

（1）根据模板开孔图，加工模板。

（2）按墙线焊接墙体定位筋，定位筋长度为墙厚－2mm，两端刷防锈漆，定位筋间距 600mm。

（3）安装内侧模板（略）。

（4）安装穿墙螺栓（略）。

（5）安装外墙模板（略）。

（6）支撑体系。

将横向次龙骨临时固定在模板背面,可用铅丝绑扎在螺栓上,若长度不均匀,接头错开布置,搭接长度不得小于300mm。再将竖向次龙骨靠在横龙骨上,然后用"Ш"型卡将龙骨固定,"Ш"型卡后设5mm厚钢垫片。拧上螺母,一定要拧紧,螺母采用双螺母。然后加斜支撑,每道墙两侧均设3道支撑,均和Φ25地锚筋固定,必要时要加强支撑,所有横龙骨与背楞接触不实的地方,均用木楔子加固紧密,以防墙面出现挠度。

5.8.2 柱模板安装

柱模板施工工艺:弹控制线→做砂浆找平层→刷脱模剂→安装柱模→调整柱模垂直度→浇筑混凝土。

(1)按弹好的位置线做好定位墩台,以便保证柱轴线、边线与标高的准确,为防止位移,按照放线位置,在柱四边离地50～80mm处的箍筋上焊接定位筋(定位筋禁止焊接主筋上),从四面顶住模板。

(2)做砂浆找平层:为了防止柱模下口跑浆,在距柱子边线2mm外,100mm范围内用砂浆找平。

(3)刷脱模剂:模板安装前,满刷脱模剂。脱模剂不得流淌,不得污染柱子钢筋。

(4)柱模就位前在找平层上加贴海绵条,以防漏浆,并必须将柱子范围内的垃圾杂物等清理干净。

(5)安装柱模:柱模先吊装就位,位置必须准确,并用大模板锁扣与柱子主筋锁住。待四块模板全部就位后再用M20的螺丝紧固。

(6)模板安装完成后,每面模板设置2根Φ48钢管调整模板垂直度。模板下口用方木和木楔与提前预埋的钢筋地锚卡死。

(7)办理预检,浇筑混凝土。

5.8.3 门窗洞口模板安装(略)

5.8.4 地上墙体模板安装(略)

5.8.5 顶板模板及支撑体系安装

(1)主要工艺流程:放楼板模板支撑架立杆就位线→搭设满堂碗扣件架子→安装主龙骨→安装次龙骨→铺模板→校正标高→加设水平拉杆→模板预检。

(2)顶板采用2440×1220×15mm厚多层板,支撑采用2100mm和2400mm碗扣件做满堂红架子。当板厚大于150mm时立杆间距900×900mm,主龙骨100×100mm方木,间距900mm,次龙骨50×100mm,间距200mm,使用前均要过遍压刨。当板厚小于等于150mm时立杆间距900×1200mm,主龙骨100×100mm方木,间距900mm,次龙骨50×100mm,间距250mm,使用前均要过遍压刨。安装楼板龙骨时要求主龙骨及次龙骨两端必须顶到边,不能留有虚空范围。施工中应注意拼缝下部加一根 50mm×100mm 方木。对于不方正或拼缝较大的板,刨边刷封边漆处理,直至满足要求为止。板间接缝处粘贴海绵条并分别用铁钉钉牢。若遇有相邻面板高差较大时,必须在龙骨下加木楔子调平,木楔子上必须封钉,以防止脱落。脚手架下侧垫 50mm 厚垫块。

(3)根据各房间的顶板厚度,在混凝土墙上弹出水平标高控制线。

(4)根据各房间的大小和下一层支撑数量、位置进行安排,从边跨的一侧开始安装碗扣件,距墙边距离根据房间大小决定,碗扣件立杆间距横向、纵向间距都是 1.2m. 拉杆 4 道,间距 1.5m。碗扣件底部垫块用 5×10mm 木块。

(5)搭设好满堂红架子后加 U 托。U 托外露长度不大于 300mm。根据墙上标高线确定四周 U 托高度。然后再根据四周的 U 托高度拉线安装剩下的中间 U 托。

(6)安装主龙骨。主龙骨纵向布置,间距 1200mm 安装次龙骨。次龙骨立放水平布置,间距 200mm。跨度大于 4m 的房间中间按 1.5‰ 起拱,采用木楔楔在主龙骨与次龙骨间控制起拱高度,并用钉子将木楔固定牢固。

(7)顶板模板铺设完毕后应用水平仪测量模板标高,进行校正。发现问题及时整改。

(8)当模板支架高度超过 4m,应在四面设置八字斜杆,并且每两排设置一组通高专用斜杆,具体做法见图 5-1。

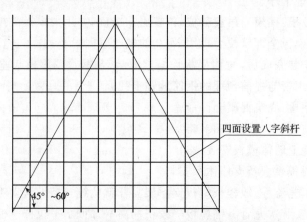

四面设置八字斜杆

45° ~60°

图 5-1 碗扣式模板支架八字斜杆布置立面示意图

(9)当模板支撑架高度大于 4.8m 时,顶端和底部必须设置水平剪刀撑,中间水平剪刀撑设置间距应小于或等于 4.8m。

5.8.6 楼梯模板安装(略)

5.9 模板拆除(略)

5.10 模板的维护与修理(略)

5.11　质量要求

仅摘录质量控制措施如下：

(1)模板制作选材：同一块模板上的背楞厚度、胶合板厚度应分别一致。

(2)应根据混凝土侧压力选用模板背楞截面及间距，以保证墙、柱模板的整体刚度，防止胀模。

(3)扶墙柱施工时，与上道工序交接应注意柱筋位置正确，且不扭向。模板校正、加固时，每块模板应设两根斜撑(或拉锚)；并对相邻两片模板上口往下分别吊线，找垂直、找方。浇筑混凝土后，对柱进行微调校正，防止柱身扭向。

(4)应在墙、柱模板下口设清扫口，防止墙、柱夹渣、烂根。

(5)相邻梁板模板应拼缝严密顺直，防止漏浆。

(6)顶板模板下与墙四周用刨平直的方木，粘贴海绵条后，与墙面顶紧，以防止漏浆。

(7)后浇带模板支设应自成体系，不应与楼板模板整体支设，不许拆模后再支顶。

5.12　安全技术措施(略)

6.文明施工及环境保护措施(略)

6.1　文明施工措施(略)

6.2　环境保护措施(略)

7.模板计算书(略)

7.1　框架梁模板计算(略)

7.2　地下室墙体模板计算(略)

7.3　顶板模板计算(略)

附件(略)

第六章 建筑与市政工程环境、职业健康安全管理方案及应急预案

第一节 建筑与市政工程环境管理方案

一、环境管理方案的编制依据

对于通过了环境管理体系认证的施工单位,环境管理计划可参照《环境管理体系要求及使用指南》GB/T 24001,在企业环境管理体系的框架内,针对项目的实际情况编制。

二、环境管理方案的编制内容及要求

现场环境管理应符合国家和地方政府部门的要求。一般来讲,建筑工程常见的环境因素包括:大气污染、垃圾污染、建筑施工中建筑机械发出的噪声和强烈的振动、光污染、放射性污染、生产、生活污水排放。

(1)确定项目重要环境因素,制定项目环境管理目标;

(2)建立项目环境管理的组织机构并明确职责;

(3)根据项目特点,进行环境保护方面的资源配置;

(4)制定现场环境保护的控制措施;

(5)建立现场环境检查制度,并对环境事故的处理做出相应规定。

三、施工现场环境保护

(一)建筑工程施工环境影响因素的识别与评价

建筑工程施工应从噪声排放、粉尘排放、有毒有害物质排放、废水排放、固体废弃物处置、潜在的油品化学品泄漏、潜在的火灾爆炸和能源浪费等方面着手进行环境影响因素的识别。

建筑工程施工应根据环境影响的规模、严重程度、发生的频率、持续的时间、社区关注程度和法规限定等情况对识别出的环境影响因素进行分析和评价,找出对环境有重大影响或潜在重大影响的重要环境影响因素,采取切实可行的措

施进行控制,减少有害的环境影响,降低工程建造成本,提高环保效益。

(二)建筑工程施工对环境的常见影响

(1)施工机械作业,模板支拆、清理与修复作业,脚手架安装与拆除作业等产生的噪声排放。

(2)城区施工现场夜间照明造成的光污染。

(3)施工场地平整作业,土、灰、砂、石搬运及存放,混凝土搅拌作业等产生的粉尘排放。

(4)现场渣土、商品混凝土、生活垃圾、建筑垃圾、原材料运输等过程中产生的遗洒。现场油品、化学品库房、作业点产生的油品、化学品泄漏。

(5)现场废弃的涂料桶、油桶、油手套、机械维修保养废液废渣等产生的有毒有害废弃物排放。现场食堂、厕所、搅拌站、洗车点等处产生的生活、生产污水排放。

(6)现场生活区、库房、作业点等处发生的火灾、爆炸。

(三)建筑工程施工现场环境保护

施工现场必须建立环境保护、环境卫生管理和检查制度,并应做好检查记录。对施工现场作业人员的教育培训、考核应包括环境保护、环境卫生等有关法律、法规的内容。在城市市区范围内从事建筑工程施工,项目必须在工程开工15d以前向工程所在地县级以上地方人民政府环境保护管理部门申报登记。施工期间应遵照《建筑施工场界环境噪声排放标准》GB 12523—2011制定降噪措施。确需夜间施工的,应办理夜间施工许可证明,并公告附近社区居民。

尽量避免或减少施工过程中的光污染。夜间室外照明灯应加设灯罩,透光方向集中在施工范围。电焊作业采取遮挡措施,避免电焊弧光外泄。施工现场污水排放要与所在地县级以上人民政府市政管理部门签署污水排放许可协议,申领《临时排水许可证》。雨水排入市政雨水管网,污水经沉淀处理后二次使用或排入市政污水管网。施工现场泥浆、污水未经处理不得直接排入城市排水设施和河流、湖泊、池塘。施工现场存放化学品等有毒材料、油料,必须对库房进行防渗漏处理,储存和使用都要采取措施,防止渗漏,污染土壤水体。施工现场设置的食堂,用餐人数在100人以上的,应设置简易有效的隔油池,加强管理,专人负责定期掏油。

施工现场产生的固体废弃物应在所在地县级以上地方人民政府环卫部门申报登记,分类存放。建筑垃圾和生活垃圾应与所在地垃圾消纳中心签署环保协议,及时清运处置。有毒有害废弃物应运送到专门的有毒有害废弃物中心消纳。施工现场的主要道路必须进行硬化处理,土方应集中堆放。裸露的场地和集中堆放的土方应采取覆盖、固化或绿化等措施。施工现场土方作业应采取防止扬尘措施。

拆除建筑物、构筑物时，应采用隔离、洒水等措施，并应在规定期限内将废弃物清理完毕。建筑物内施工垃圾的清运，必须采用相应的容器或管道运输，严禁凌空抛掷。施工现场使用的水泥和其他易飞扬的细颗粒建筑材料应密闭存放或采取覆盖等措施。混凝土搅拌场所应采取封闭、降尘措施。除有符合规定的装置外，施工现场内严禁焚烧各类废弃物，禁止将有毒有害废弃物作土方回填。

在居民和单位密集区域进行爆破、打桩等施工作业前，项目经理部除按规定报告申请批准外，还应将作业计划、影响范围、程度及有关措施等情况，向有关的居民和单位通报说明，取得协作和配合；对施工机械的噪声与振动扰民，应有相应的措施予以控制。

经过施工现场的地下管线，应由发包人在施工前通知承包人，标出位置，加以保护。施工中需要停水、停电、封路而影响环境时，必须经有关部门批准，事先告示，并设有标识。施工时发现文物、古迹、爆炸物、电缆等，应当停止施工，保护好现场，及时向有关部门报告，按照有关规定处理后方可继续施工。

四、施工现场卫生与防疫

(一)施工现场卫生与防疫的基本要求

施工企业应根据法律、法规的规定，制定施工现场的公共卫生突发事件应急预案。

施工现场应配备常用药品及绷带、止血带、颈托、担架等急救器材，应结合季节特点，做好作业人员的饮食卫生和防暑降温、防寒取暖、防煤气中毒、防疫等各项工作。

施工现场应设专职或兼职保洁员，负责现场日常的卫生清扫和保洁工作。现场办公区和生活区应采取灭鼠、灭蚊、灭蝇、灭蟑螂等措施，并应定期投放和喷洒灭虫、消毒药物。施工现场生活区内应设置开水炉、电热水器或饮用水保温桶，施工区应配备流动保温水桶，水质应符合饮用水安全卫生要求。施工现场办公室内布局应合理，文件资料宜归类存放，并应保持室内清洁卫生。

(二)现场宿舍的管理

现场宿舍内应保证有充足的空间，室内净高不得小于 2.4m，通道宽度不得小于 0.9m，每间宿舍居住人员不得超过 16 人。宿舍必须设置可开启式窗户，宿舍内的床铺不得超过 2 层，严禁使用通铺。内部应设置生活用品专柜，门口应设置垃圾桶。现场生活区内应提供为作业人员晾晒衣物的场地。

(三)现场食堂的管理

现场食堂必须办理卫生许可证，炊事人员必须持身体健康证上岗，上岗应穿戴洁净的工作服、工作帽和口罩,应保持个人卫生,不得穿工作服出食堂,非炊事人员不得随意进入制作间。

现场食堂应设置在远离厕所、垃圾站、有毒有害场所等污染源的地方。应设置独立的制作间、储藏间,门扇下方应设不低于 0.2m 的防鼠挡板,配备必要的排风设施和冷藏设施,燃气罐应单独设置存放间,存放间应通风良好并严禁存放其他物品。

现场食堂的制作间灶台及其周边应铺贴瓷砖,所贴瓷砖高度不宜小于 1.5m,地面应作硬化和防滑处理,炊具宜存放在封闭的橱柜内,刀、盆、案板等炊具应生熟分开,炊具、餐具和公用饮水器具必须清洗消毒。现场食堂外应设置密闭式淋水桶,并应及时清运。

现场食堂储藏室的粮食存放台距墙和地面应大于 0.2m,食品应有遮盖,遮盖物品应有正反面标识,各种作料和副食应存放在密闭器皿内,并应有标识。

(四)现场厕所的管理

(1)现场应设置水冲式或移动式厕所,厕所大小应根据作业人员的数量设置。

(2)现场厕所地面应硬化,门窗应齐全。

(3)现场厕所应设专人负责清扫、消毒,化粪池应及时清掏。

(五)现场淋浴间的管理

淋浴间内应设置满足需要的淋浴喷头,盥洗设施应设置满足作业人员使用的盥洗池,并应使用节水器具。

(六)现场文体活动室的管理

文体活动室应配备电视机、书报、杂志等文体活动设施、用品。

(七)现场食品卫生与防疫

(1)施工现场应加强食品、原料的进货管理,食堂严禁购买和出售变质食品。

(2)施工作业人员如发生法定传染病、食物中毒或急性职业中毒时,必须要在 2h 内向施工现场所在地建设行政主管部门和卫生防疫等部门进行报告,并应积极配合调查处理。

(3)施工作业人员如患有法定传染病时,应及时进行隔离,并由卫生防疫部门进行处置。

五、文明施工

1. 现场文明施工管理的主要内容

抓好项目文化建设。规范场容,保持作业环境整洁卫生。创造文明有序安全生产的条件。减少对居民和环境的不利影响。

2. 现场文明施工管理的基本要求

建筑工程施工现场应当做到围挡、大门、标牌标准化、材料码放整齐化(按照平面布置图确定的位置集中码放)、安全设施规范化、生活设施整洁化、职工行为文明化、工作生活秩序化。建筑工程施工要做到工完场清、施工不扰民、现场不扬尘、运输无遗洒、垃圾不乱弃,努力营造良好的施工作业环境。

3. 现场文明施工管理的控制要点

(1)施工现场出入口应标有企业名称或企业标识,主要出入口明显处应设置工程概况牌,大门内应设置施工现场总平面图和安全生产、消防保卫、环境保护、文明施工和管理人员名单及监督电话牌等制度牌。施工现场必须实施封闭管理,现场出入口应设门卫室,场地四周必须采用封闭围挡,围挡要坚固、整洁、美观,并沿场地四周连续设置。一般路段的围挡高度不得低于 1.8m,市区主要路段的围挡高度不得低于 2.5m。

(2)施工现场的场容管理应建立在施工平面图设计的合理安排和物料器具定位管理标准化的基础上,项目经理部应根据施工条件,按照施工总平面图、施工方案和施工进度计划的要求,进行所负责区域的施工平面图的规划、设计、布置、使用和管理。

(3)施工现场的施工区域应与办公、生活区划分清晰,并应采取相应的隔离防护措施。施工现场的临时用房应选址合理,并应符合安全、消防要求和国家有关规定。在建工程内严禁住人。施工现场应设置办公室、宿舍、食堂、厕所、淋浴间、开水房、文体活动室、密闭式垃圾站(或容器)及盥洗设施等临时设施,临时设施所用建筑材料应符合环保、消防要求。

(4)施工现场的主要机械设备、脚手架、密目式安全网与围挡、模具、施工临时道路、各种管线、施工材料制品堆场及仓库、土方及建筑垃圾堆放区、变配电间、消火栓、警卫室、现场的办公、生产和临时设施等的布置,均应符合施工平面图的要求。

(5)施工现场应设置畅通的排水沟渠系统,保持场地道路的干燥坚实,泥浆和污水未经处理不得直接排放。施工场地应硬化处理,有条件时,可对施工现场进行绿化布置。

(6)施工现场应建立现场防火制度和火灾应急响应机制,落实防火措施,配备防火器材。明火作业应严格执行动火审批手续和动火监护制度。高层建筑要设置专用的消防水源和消防立管,每层留设消防水源接口。

(7)施工现场应设宣传栏、报刊栏,悬挂安全标语和安全警示标志牌,加强安全文明施工宣传。并且应加强治安综合治理和社区服务工作,建立现场治安保卫制度,落实好治安防范措施,避免失盗事件和扰民事件的发生。

六、环境管理方案实例目录

某住宅楼工程环境管理方案目录

1. 工程概况

2. 环境因素

2.1　自然灾害

2.2　施工环境影响控制难点

2.3　环境注意要点

3. 编制依据

4. 管理方案控制目标、指标

4.1　水的利用和排放控制指标

4.2　其他指标要求

5. 时间表、资源(再使用)、职责

6. 管理控制措施

6.1　水资源消耗与污染控制措施

6.2　其他环境因素控制措施

7. 监测

第二节　建筑与市政工程职业健康安全管理方案

一、职业健康安全管理方案的编制依据

可参照《职业健康安全管理体系要求》GB/T 28001,在施工单位安全管理体系的框架内编制。

二、职业健康安全管理方案的编制内容及要求

现场安全管理应符合国家和地方政府部门的要求。职业健康安全管理方案应包括下列内容:

(1)确定项目重要危险源,制定项目职业健康安全管理目标;

(2)建立有管理层次的项目安全管理组织机构并明确职责;

(3)根据项目特点,进行职业健康安全方面的资源配置;

(4)建立具有针对性的安全生产管理制度和职工安全教育培训制度;

(5)针对项目重要危险源,制定相应的安全技术措施;对达到一定规模的危险性较大的分部(分项)工程和特殊工种的作业应制定专项安全技术措施的编制计划;

(6)根据季节、气候的变化,制定相应的季节性安全施工措施;

(7)建立现场安全检查制度,并对安全事故的处理做出相应规定。

三、职业病防范

(一)建筑工程施工主要职业危害种类

(1)粉尘危害。

(2)噪声危害。

(3)高温危害。

(4)振动危害。

(5)密闭空间危害。

(6)化学毒物危害。

(7)其他因素危害。

(二)建筑工程施工易发的职业病类型

(1)矽尘肺。例如:碎石设备作业、爆破作业。

(2)水泥尘肺。例如:水泥搬运、投料、拌合。

(3)电焊尘肺。例如:手工电弧焊、气焊作业。

(4)锰及其化合物中毒。例如:手工电弧焊作业。

(5)氮氧化物中毒。例如:手工电弧焊、电渣焊、气割、气焊作业。

(6)一氧化碳中毒。例如:手工电弧焊、电渣焊、气割、气焊作业。

(7)苯中毒。例如:油漆作业、防腐作业。

(8)甲苯中毒。例如:油漆作业、防水作业、防腐作业。

(9)二甲苯中毒。例如:油漆作业、防水作业、防腐作业。

(10)中暑。例如:高温作业。

(11)手臂振动病。例如:操作混凝土振动棒、风镐作业。

(12)接触性皮炎。例如:混凝土搅拌机械作业、油漆作业、防腐作业。

(13)电光性皮炎。例如:手工电弧焊、电渣焊、气割作业。

(14)电光性眼炎。例如:手工电弧焊、电渣焊、气割作业。

(15)噪声致聋。例如:木工圆锯、平刨操作,无齿锯切割作业,卷扬机操作,混凝土振捣作业。

(16)苯致白血病。例如:油漆作业、防腐作业。

(三)职业病的预防

1. 工作场所的职业卫生防护与管理要求

(1)危害因素的强度或者浓度应符合国家职业卫生标准。

（2）有与职业病危害防护相适应的设施。

（3）现场施工布局合理，符合有害与无害作业分开的原则。

（4）有配套的卫生保健设施。

（5）设备、工具、用具等设施符合保护劳动者生理、心理健康的要求。

（6）法律、法规和国务院卫生行政主管部门关于保护劳动者健康的其他要求。

2. 生产过程中的职业卫生防护与管理要求

（1）要建立健全职业病防治管理措施。

（2）要采取有效的职业病防护设施，为劳动者提供个人使用的职业病防护用具、用品。防护用具、用品必须符合防治职业病的要求，不符合要求的，不得使用。

（3）应优先采用有利于防治职业病和保护劳动者健康的新技术、新工艺、新材料、新设备，不得使用国家明令禁止使用的可能产生职业病危害的设备或材料。

（4）应书面告知劳动者工作场所或工作岗位所产生或者可能产生的职业病危害因素、危害后果和应采取的职业病防护措施。

（5）应对劳动者进行上岗前的职业卫生培训和在岗期间的定期职业卫生培训。

（6）对从事接触职业病危害作业的劳动者，应当组织上岗前、在岗期间和离岗时的职业健康检查。

（7）不得安排未经上岗前职业健康检查的劳动者从事接触职业病危害的作业，不得安排有职业禁忌的劳动者从事其所禁忌的作业。

（8）不得安排未成年人从事接触职业病危害的作业，不得安排孕期、哺乳期的女职工从事对本人和胎儿、婴儿有危害的作业。

（9）用于预防和治理职业病危害、工作场所卫生检测、健康监护和职业卫生培训等的费用，应按照国家有关规定，在生产成本中据实列支，专款专用。

3. 劳动者享有的职业卫生保护权利

（1）有获得职业卫生教育、培训的权利。

（2）有获得职业健康检查、职业病诊疗、康复等职业病防治服务的权利。

（3）有了解工作场所产生或者可能产生的职业病危害因素、危害后果和应当采取的职业病防护措施的权利。

（4）有要求用人单位提供符合防治职业病要求的职业病防护设施和个人使用的职业病防护用具、用品，改善工作条件的权利。

（5）对违反职业病防治法律、法规以及危及生命健康的行为有提出批评、检举和控告的权利。

（6）有拒绝违章指挥和拒绝强令进行没有职业病防护措施作业的权利。

（7）参与用人单位职业卫生工作的民主管理，对职业病防治工作有提出意见和建议的权利。

四、职业健康安全管理方案实例目录

某住宅楼工程职业健康安全管理方案（目录）

1. 工程概况

1.1 建筑、结构概况

1.2 工程目标

1.3 现场地理位置与社会环境

1.4 合同在安全、环境方面的要求

1.5 交通、信息联络、工期与施工季节

2. 重大危险源

2.1 塔吊安装、使用和拆除

2.2 脚手架搭设、拆除、使用

3. 管理方案控制目标

4. 工作准备

4.1 人员的准备

4.2 设备、设施的准备

5. 管理措施

5.1 塔机安装、拆除、使用安全管理措施

5.2 脚手架工程安全管理措施

第三节　建筑与市政工程职业健康安全应急预案

一、职业健康安全应急预案的编制依据

应急预案的编制主要是依据相关的法律法规和标准规范要求。明确与施工项目应急准备和响应有关的法律法规、标准规范及其要求，特别是与施工项目应急救援有直接关系的条款，应逐一熟悉并在制定应急预案时进行考虑。主要有：《特别重大事故调查程序暂行规定》、《安全生产许可证条例》、《中华人民共和国安全生产法》、《中华人民共和国固体废物污染环境防治法》、《中华人民共和国环境保护法》、《中华人民共和国水污染防治法》、《中华人民共和国大气污染防治法》、《中华人民共和国大气污染防治法实施细则》、《中华人民共和国水污染防治

法实施细则》《突发公共卫生事件应急条例》《中华人民共和国消防法》《建设工程安全生产管理条例》《建筑安全生产监督管理规定》《国家危险废物名录》《漏电保护器安全监察规定》《企业职工劳动安全卫生教育管理规定》《全国总工会关于生产性建设工程项目职业安全卫生设施实行工会监督的暂行办法》《危险化学品安全管理条例》《重大事故隐患管理规定》《工作场所安全使用化学品的规定》《建筑施工企业安全生产管理机构设置及专职安全生产管理人员配备办法》《危险性较大工程安全专项施工方案编制及专家论证审查办法》《建筑工程安全防护、文明施工措施费用及使用管理规定》《报告环境污染与破坏事故的暂行办法》《消防监督检查规定》《危险废物贮存污染控制标准》《重大危险源辨识》《消防安全标志设置要求》《用电安全导则》《安全帽》《安全带》《安全网》《焊接与切割安全》《安全标志》《移动式木折梯安全标准》《移动式轻金属折梯安全标准》《建筑工程施工现场供电安全规范》《工作场所有害因素职业接触限值》《高处作业分级》《手持式电动工具的管理、使用》《检查和维修安全技术规程》《体力搬运重量限值》《体力劳动强度分级》《施工企业安全生产评价标准》《建筑施工安全检查评分标准》《建筑施工高处作业安全技术规范》《施工现场临时用电安全技术规范》《建筑施工门式钢管脚手架安全技术规程》《建筑施工扣件式钢管脚手架安全技术规程》《中华人民共和国工程建设强制性标准》等。

二、职业健康安全应急预案的编制内容及要求

一般应急预案的编制主要包括以下内容。

(一)项目场景描述

(1)工程项目基本概况。工程项目的规模,结构形式,特殊设计要求,工程所用的大型或特殊设备及其性能,合同施工内容等。

(2)工程特点、难点。新材料新工艺的应用,是否有超大、超高、超常、超深等特殊部位的施工,是否有复杂条件下的施工。

(3)安全、环境要求。项目承包合同规定以及本公司对业主所承诺的环境和职业健康安全目标,包括地方和社区的特殊要求。

(4)项目工期要求。项目总工期和节点工期,项目工期是否充裕,有无因业主要求缩短正常工期的情况,在施工周期内是否有冬季施工或雨季施工的情况。

(5)施工条件及环境。与地基基础施工有关的地质水文情况,是否需进行特殊处理;周边是否有市政、电力、通信以及其他管线分布;周边的交通情况,最近的救援机构如消防队、医院的分布,是否能确保应急救援的顺利展开,是否确保紧急情况下人员的救治;当地的气候环境包括风雨雷电等有何特点。

(6)合作方和相关方情况。施工队伍的管理水平、设备能力、文化背景、风俗习惯、宗教信仰、身体素质等;当地救援机构的联系方式、当地消防机构的消防能力和联系方式、附近医院的抢救能力和联系方式等;其他可能带来环境和职业健康安全风险的情况。

这部分描述应尽可能详细,它决定了应急预案的制定依据和背景,决定了应急预案是否具备能够顺利有效实施的条件。

(二)施工部署及主要施工工艺

(1)项目管理层和作业层的人员组成及职责分工,特别是特殊岗位操作人员的配备情况。

(2)施工总平面布置,特别是风险较大的木工房、模板加工厂、材料仓库、油库、配电室的位置,还有消防通道的布置,消防水池、消防物资的具体地点。

(3)主要施工工艺,特别是环境和职业健康风险较大的施工工艺或可能产生潜在事故或紧急情况的施工工艺或施工工序,详细分析工艺特点。

(三)可能发生的潜在事件和紧急情况

重点针对紧急状态下的环境因素和危险源,识别各种不同条件下可能发生的环境和职业健康安全事件和紧急情况,以及可能带来的风险,并对风险进行评估,确认是否可以接受。

(四)应急准备和响应的目标

结合所识别的紧急状态环境因素和危险源,针对潜在的环境和职业健康安全事件和紧急情况,制定与之相适应的目标,目标尽可能详细,必要时,应进行量化。特别要明确在应急准备和响应过程中,防止处理不及时或处理方法不当产生新的污染、伤害和损失的目标要求。应急准备和响应的总目标是:各类应急准备应充分,应急物资和设备完好,及时响应,正确救护,有效控制事态发展,防止事故扩大,努力减少事故对周边环境和相关方的影响,避免救援人员受到伤害,将事故损失降到最低。各分项目标应针对风险分解制订。

(五)应急准备

(1)组织和人员准备。项目部成立生产安全和环境事故应急小组,项目部应急小组由下列部门和人员组成:应急小组由组长、副组长、抢险组、技术支持组、警戒保卫组、医疗救护组、后勤保障组、通信联络组、善后处理组、生产恢复组组成。项目经理是事故应急小组第一负责人,负责事故的救援指挥工作。

(2)事故应急组织机构参见图 6-1 建立。

(3)物资和设备准备。应急物资设备分两部分准备:一部分储备在施工现场;另一部分从场外相关单位获得援助。储备在施工现场的应急物资设备为应

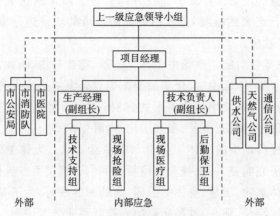

图 6-1　事故应急组织机构

急救援专用常备物资,非特殊情况,不得动用,并应定期检查,随时补充。场外相关单位的援助应急物资设备为非专用物资,应经常与相关方保持联系,确认物资设备的现状,尤其是在分项工程施工期间,确保能随时调配,必要时,应与多家相关方建立联系。

(4)检测设备的准备。项目应配备一定的检测设备并保持设备的有效状态,确保在紧急情况发生时,能够实施监测,为抢险工作提供科学数据,以便根据现场情况发展态势,及时调整抢险计划,防止在抢险过程中产生新的伤害和损失。

(六)应急响应

(1)识别在什么条件下开始实行响应。只要准备得当,所有紧急情况都应该作出响应,但响应方式很多。如果在初期阶段,则应采取措施,消灭隐患,控制事态的发展;如果在事故的中期阶段,则一方面组织抢险;另一方面寻求社会社区支援,防止事态的扩散;如果是事故后期,已无法控制,则要不惜一切手段疏散人员,确保人员不受伤害,如已发生人员伤亡,则在确保救援人员安全的前提下,展开人员抢救。

(2)明确应急响应的程序。针对不同的潜在事故和紧急情况,制定有针对性的抢救措施。确保在紧急情况发生时,能按照所制定的措施展开救援行动。

生产经营单位负责人接到事故报告后,一是根据应急救援预案和事故的具体情况迅速采取有效措施,组织抢救;二是千方百计防止事故扩大,减少人员伤亡和财产损失;三是严格执行有关救护规程和规定,严禁救护过程中的违章指挥和冒险作业,避免救护中的伤亡和财产损失;四是注意保护事故现场,不得故意破坏事故现场、毁灭有关证据。

（3）现场急救。现场医疗救护组在外部救援人员未到达前或将伤者送医院前，对受害者进行必要的抢救，抢救前首先对伤者的伤情进行检查和判断，然后进行有针对性的救援。

现场急救主要针对施工现场由于高空坠落、物体打击、坍塌事故、触电事故、机械事故、火灾事故、中毒中暑、化学品泄漏等意外事故造成人身伤害。

建筑施工现场可能发生的伤害形式：烧伤、中毒、出血、骨折或肢体断裂、休克、呼吸及心搏骤停、烫伤、中暑、颅脑损伤、内脏损伤等。

（4）应急救援行动中的人体工效学和心理学要求。人体工效学有时候又叫"人体因素"，它研究的是人、机械和环境相互间的合理关系。人体工效反映了人的文化素质、身体素质、胆量、身体的强弱、高矮和胖瘦等，为了安全生产、适应环境、充分发挥人的特长，那么，各种岗位的安排就要充分考虑到人体工效，包括应急抢险和救援的岗位。比如，要从细小洞口进行救人，就应该考虑救援人员的身高要求；需要从狭窄区域展开救援行动，就应考虑人的胖瘦和高矮的问题。需从危险区域抢救伤亡人员，则要充分考虑救援人员的心理因素；如果发生人员被压被埋而受伤又不能马上救出时，则应对伤员进行开导和安慰；如伤员或救援者因突发情况而造成心理伤害时，则应进行心理辅导等。

（5）防止应急救援过程中发生二次污染或伤害。遇到紧急情况时，当事人往往会失去理智，救援人员也可能发生心理或行为失常的状况，因此，在救援过程中，如不沉着冷静，则很容易造成受伤人伤势加重或出现新的险情，使救援人员受到新的伤害。这就要求整个应急救援过程应在统一指挥下有序进行，必要时，应有明确的安全环保技术保证措施。

（6）事故调查和生产恢复。事故发生后，有关人员接到伤亡事故报告后，要迅速赶到事故现场，立即采取有效措施，指挥抢救受伤人员，同时对现场的状况做出快速反应，排除险情，制止事故蔓延扩大，稳定人员情绪，要做到有组织有指挥。同时，要严格保护好事故现场，因抢救伤员、疏导交通、排除险情等原因，需要移动现场物品时，应当做出标志，绘制现场简图，并做出书面记录，妥善保存现场重要痕迹、物件，并进行拍照或录像。必须采取一切可能的措施如安排人员看守事故现场等，防止人为或自然因素对事故现场的破坏。清理现场必须在事故调查取证完毕，并完整记录在案后方可进行。同时，制定详细恢复生产技术方案。特殊情况，需立即恢复生产的，应取得批准，并确保现场音像记录清楚的前提下进行。

项目部有责任配合事故调查组进行事故调查和处理工作。并坚持做到"四不放过"原则，即必须坚持事故原因分析不清不放过；事故责任者和群众没有受到教育不放过；事故责任者没有受到严肃处理不放过；没有采取切实可行的防范措施不放过。

（七）监视与测量

（1）应急前准备工作的检查

1）应急准备措施的到位率。

2）灭火器、消火栓等消防设备的配备。

3）报警设施、应急照明和动力的完好情况。

4）紧急通道的设置和畅通情况。

5）人员逃生工具。

6）人员安全避难所。

7）危急隔离阀、开关和断流器。

8）人员急救设备（药品、绷带等）。

9）通信设备。

（2）应急响应过程中的监视与测量的要求。针对不同的紧急情况，规定测量点和监测参数。如：伤员伤势的检查和判断；应急处理效果的动态判断；现场环境的变化；基坑或土方坍塌速度及范围；应急物资是否充足和应急设备的能力是否能满足事态发展的需要；是否有新的风险形成。

（3）监视与测量的方法。目测和仪器监测相结合。

（4）监视与测量设备。监视与测量仪器主要有声级计、全站仪、水平仪、经纬仪、卷尺、力矩扳手、兆欧表、电阻仪、毒气表、摄像探头、氧气表、乙炔表等。

（八）应急预案的评估

应急预案的评估包括应急准备方面的评估、突发事故发生后的评估和其他应考虑的方面的评估。

项目经理部在项目开工后每半年和每次预案启动、演练后对应急预案进行评审，结合项目安全和环境管理方案对应急预案进行评估。在紧急情况发生并处置后，应收集相关信息，分析紧急情况发生的原因，并检查紧急情况应急救援预案各方面的有效性，以利于事故应急救援预案的进一步修改、补充和更新。评审由项目经理组织应急小组各主要成员、项目专职安全员、各专业分包的安全员及必要的相关人员实施，并保存评估的记录。

（1）安全应急预案评估。重点评估预案中的应急措施准备、人员配备及响应措施的有效性和适宜性，特别是对人员抢救能力及绩效的评估。

（2）环境应急预案评估。重点评估预案中的应急措施准备、人员配备及响应措施的有效性和适宜性，特别是对环境影响的及时控制以及事后长期影响的控制能力。

三、职业健康安全应急预案实例目录

某住宅楼工程应急预案目录

1. 编制说明

2. 工程场景

3. 工程施工主要风险

4. 应急目标

5. 应急资源与准备

5.1 通讯

5.2 人力资源与职责

5.3 应急设备与物资准备

6. 响应分级

6.1 Ⅰ级响应

6.2 Ⅱ级响应

6.3 Ⅲ级响应

7. 紧急情况与分级响应

7.1 塔吊事故隐患显兆阶段情况

7.2 可能导致发生倒塔、大臂、平衡臂跌落、倾覆的紧急情况

7.3 塔吊发生倾覆、断臂等紧急情况

8. 应急程序

8.1 接警与通知

8.2 指挥与控制

8.3 抢险与救护

8.4 警戒与治安

8.5 后勤与保障

8.6 人群疏散与安置

8.7 监测

8.8 信息沟通

9. 应急措施

9.1 塔吊倾斜应急纠偏措施

9.2 塔吊高空解体与人员救援措施

10. 监测